眼见之外的设计
空·间·修·行

Spatial Design Beyond Visuals

（中国台湾）林义明 著

海南出版社
HAINAN PUBLISHING HOUSE

图书在版编目 (CIP) 数据

眼见之外的设计・空间修行 / 林义明著 . -- 海口 : 海南出版社 , 2014.11

ISBN 978-7-5443-5576-6

Ⅰ . ①眼… Ⅱ . ①林… Ⅲ . ①室内装饰设计 Ⅳ . ①TU238

中国版本图书馆 CIP 数据核字 (2014) 第 242309 号

眼见之外的设计・空间修行

作　　者：(中国台湾) 林义明
责任编辑：万　胜
装帧设计：迦禧文化
美术编辑：林韵庭
责任印制：杨　程
印刷装订：三河市祥达印刷包装有限公司
读者服务：蔡爱霞
海南出版社　出版发行
地址：海口市金盘开发区建设三横路 2 号
邮编：570216
电话：0898-66830929
E-mail：hnbook@263.net
经销：全国新华书店经销
出版日期：2014 年 11 月第 1 版　2014 年 11 月第 1 次印刷
开　　本：787mm × 1092mm　1/12
印　　张：16
字　　数：60 千
书　　号：ISBN 978-7-5443-5576-6
定　　价：88.00 元

禅境美学要义：简单、精致与和谐

一位禅修设计师的空间修行笔记

多年以来，

我　在空间中修行，

同修的还有空间的主人。

为了找到空间与设计的真相，

我　从设想需求、掌控预算、致力于空间最佳化……

藉由去芜存菁的辨证方式，

与屋主需求、与空间架构、与自己的观念反复地争论、妥协、融合，

这是身为禅修设计师的空间修行。

为了追求理想的住居场域，

空间主人　在欲望中取舍、在有限空间为亲情无限加温……

这何尝不是在进与退的思考中，做一种空间修行呢？

思考，成为我们与空间的交流思路，

透过来回的思虑与反复的觉醒禅修，

使每一次设计过程都成为空间修行，

让每一件空间设计成果都是修行空间。

作者简介

林义明 Steven Lin

- ■ 丹麦奈布莱兹大学室内设计系硕士
- ■ 新加坡国立大学亚太高层企业主管硕士
- ■ 25年空间设计规划经验
- ■ 擅长空间机能艺术创作与分析
- ■ 六一文创股份有限公司 董事长 / 阳明设计企业有限公司 总经理

◆设计理念说明：

从事室内设计工作二十五年来，林义明不但拥有丰富的实务经验，其雅致细腻的全方位设计风格和施工品质亦早已在同业及消费者之间获致极佳的口碑；诸如德意志银行、世华联合商业银行等办公空间的规划设计，台南大亿丽致酒店、台北美丽信花园酒店、屏东凯撒饭店之类的不同型态商业空间，乃至于帝宝、一品大厦、薇阁大楼等十大名宅皆有其作品；经由与业主密切的沟通所产生的互动，打破专业设计的强硬主观和制式藩篱，完整地呈现出深具和谐美感的空间，也深深满足了每位业主不同的需求与期待。近年，林义明有感于未来生活环境的变迁，更以六感微禅为思考基础，提出一种满足于身体六感和谐的新设计观念。藉由视觉禅、听觉禅、闻觉禅、味觉禅、触觉禅及心识禅来清楚意识到自己的存在，六感微禅设计使人摆脱于混沌不明的生活乱境中，他认为若能让心识与身体处于清明的状态下与空间共处，自能保有心灵的健康与安定，如此才能真正获得愉悦而安住的生活。

自序

禅修者与空间设计师的对话

我是空间设计者，也是禅修者。
人到中年，事业已成为自己的社会属性和识别符号。每每在替孩子们填写家庭背景时，或者在进入他国申报入境表格中都欣然写下“设计师”的称谓。我从事室内设计已经28年了，设计过多少个案子已不太好计算，但过手的项目从酒店、咖啡店、连锁商业、医院、公寓、别墅、寺庙、传媒公司横跨了很多业种。我事业的经历也是从一开始的懵懂紧张，到执着较真，再到从容放开，如同一张情绪的起伏表。一路走来，感谢信仰把我从阴霾中带到了阳光地带，没错，我也是一位禅修者。

接触藏传佛教也有22年了，也一直在修行自己的心要去染成净，舍妄为真。身为一凡夫只能勤做些功课让自己安定下来，所以每天的禅修是我精神保健品。若从意义上来说，禅修是一种调心方法，目的是锻炼智慧以进入真相的境界。可能有人心中感到狐疑，禅修者必须关起门来自我修行，而室内设计则属工程领域，重理性、讲科学，一外一内、一私一公，二者之间可各自为政，应无绝对的关联性。早期我也抱持同样想法，采默自修行的态度，最初的禅修只为求得心灵的安静。于是，我为自己找了一处无人干扰的空间来学习静坐。一开始，我越想排除外来的意念，却越是静不下来，即使打坐的周围无丝毫声响，但心灵的烦乱却始终平静不了，在读过一个禅的小故事后，我找到这些现象的原因。

南隐是日本明治时代著名的禅师，一天，一位大学教授特地来向南隐问禅，南隐以茶水招待，他将茶水注入这个访客的杯中，杯满之后他还继续注入，这位教授眼睁睁地看着茶水不停地溢出杯外，直到再也不能沉默下去了，终于说到：已经满出来了，不要倒了。这时南隐才悠然道来：你的心就像这只杯子一样，里面装满了你自己的看法和主张，你不先把自己的杯子倒空，叫我如何对你说禅？……喔！原来如此，禅的起点是空，原来扰人心扉的干扰不是外在的环境，而是来源于自己的内心，唯有将所有好的、坏的意念一一放下后，才能让心灵获得真正的休息。

这样的禅修过程正如设计者在衡量一个空间时，开始之际总有无数个纷乱的念头产生，这些念头没有好或坏的分别，但是，设计者必须学会放下偏见与执我，才能静下心来思考，最终才能找到正确的设计出路。如此的思考逻辑看来竟与禅修者无异，因此也启发我将禅思放入设计工作的念头，种下了今天这本书得以萌芽的种子。

做设计师二十几年来，最困扰我的不是对不同空间设计的陌生疏离感，而是每个新案子如何能够创新、如何能够超越自己并满足客户的需求。不想让我的设计有太多的雷同感，那岂不是流水线上产出的快餐？谈何品味和格调，又怎能满足客人个性化、人性化的需求？但每一个新案都要求有突破，也意味着对自己以前的“我”的否定，这实在是太难了。

创意力量来自于“心的归零”

为了增加空间设计的美学厚度，多年来我也尝试多方涉猎艺术、美食或旅行等外在体验作为媒介，以便累积更多生活美学经验，甚至远赴西方取经，藉由各种的学说、理论、主义来佐证自己的才华。然而，所有外在有形的成果，说穿了其实只是学习的过程与模仿的结果，如果过于执着于某种外相的形式，则易束绑住内心的清明，自然也无法听到真正的声音。来自不同行业，不同阅历的客户，他们的诉求也是完全不同的，如果只是执着于自己曾经的观点和经验，无意中会将自己的专业经历凌驾于客户之上，客户真正需要的设计点容易被忽视，或者只为创新的创新不过只是形而上的东西。在禅修的顿悟告诉我：每一个案子都要从零开始，把以前的思维舍弃方可轻松上阵，空杯才能满载。因此，我理解了设计者所寻求的创意应该是不假外求的，并开始从禅修的思维来看，当我放下了所有的我执、成见后，才能看清楚何为幻相？何为真相？这些不断反复验证的真相探索过程，正是找到最好解决方案的途径，这也正是“空·融合”的设计理念基础。

空间设计并非只是艺术创作，在具有美学空间的同时，更要将人类七情六欲的变化转换成居住者的心念与生活模式的和谐，我称之为“融合”。一个空间如果能够融合五感，让居住者在视觉、听觉、嗅觉、味觉、触觉中发挥美感和机能，就会营造出一个抚慰人心灵的祥和空间。就如同这个空间也会打坐禅定，让居住者调心并彻底放松，这种感觉就犹如生命中的“第六感”，意即用物质实相而修行生命的本质。在领悟了“空·融合”的设计理念后，在新进的设计案中我开始思考六感禅意的空间规划，不再执着于对某种风格的追逐，或者考究于中西方混搭的理念，让设计更纯粹、更贴近客户的需求。为客户提供精神与物质的统一和谐解决方案。希望为忙碌而紧张的现代人，注入处处有禅机的空间，让我们透过空间的抚慰，更快速、更简单地感受禅的轻松与解脱。

禅的境界

禅修，就是我心灵的SPA，藉由禅修的放下，好让自己的心可以归于平静、找回本心，也给自己一个新的开始。身为空间设计者，若无法放下昨日的一切，始终受到过往的牵绊，自然无法跳脱而孕育出新的想法。因此，设计者想要自我超越，唯有从心灵修行、自我观省开始，禅修，让我更纯粹、让设计更纯粹，我注定要成为一位禅修设计者。

推荐序

寻找禅心的生活风景

尽管设计有时似乎过于抽象，它却是一种具体思维—具体体现在日常生活之中，当然还体现在独特的个体空间中。感谢义明把这本书呈现出来给大家，让我有机会看到设计如何展示生活之美、空间之美、寻常之美。

光线的投射、线条的曲直、材质的表现、空间的虚实，恰到好处，不突兀，不矫揉造作，平实自然中却能品味出巧思匠心。设计师显然早已走出了个人风格喧宾夺主的阶段，而磨练出一种圆融朴实的境地。

回归到人与空间的融合、人与生活的融合、人与自心的融合。这种自然而然的融合，让设计成为实现生活品质的载体，让空间拥有了完整的想象，以及纯粹的感受，更让生活因为这空间而拥有了持久的韵味，使得每一天、每一刻都可以幻化出属于你的光影。

设计本身也是修行的一种语言，这使我阅读这本书得到了另外一种美。很多人都面临瓶颈突破的折磨：一个领域浸润已久，多少有些成就，旁人看来早该知足，自己却心有不甘，不能放下，但也不能升华。求之不得，辗转反侧。

义明坦承他碰到过这种瓶颈，相信很多人也碰到过，度过瓶颈的办法是禅悟，这本书就是他修行的结晶。

阅读这些文字，观赏这些设计呈现，让我再次相信，但凡你还在前行，你总会经历几次化茧成蝶的蜕变，并收获到属于你的菩提。

陈春花 Chen Chun-Hua
华南理工大学工商管理学院 教授
新希望六和股份有限公司 联席董事长/首席执行官

推荐序

设计·生活·禅

新加坡国立大学中文亚太高层EMBA 入学考试
缘份，就是这样开始的！

当我进入入学考试的考场中，只见有一位"仙风道骨" 的人已坐在考场中，面带微笑，不急不徐地在作答。我的心也因此安定了下来。

当我交卷时，只见那人还是面带微笑，凝视着卷子，不急不徐地作答。我的心也随之淡然。但心想，这试题有这么难吗？

但后来我发现，这就是我的同学，林义明，他的一贯作风。不论任何事，到他手中，他永远都是面带微笑，不急不徐地面对它。 "不要紧"是他惯用的口头禅。

坚持，要求完美，是他对工作的态度。豁达，随遇而安，是他对生活的态度。
犹记，他之前想把中国的苏绣商业化。帮他介绍了一位好朋友，一年过去了，再问我的好朋友如何？她回我说，义明觉得出来的作品，不够完美，坚持不卖给她。这就是他对他工作的态度。

又再帮他介绍了一个大型规划案。业主左改右改，最后推翻了原先所有的规划，重新来过， 一年过去了，再问他如何？业主用了他的新规划案，但费用一直未入账。问他，是否要我帮他催催，他回说，不急，不要紧。这就是他对生活的态度。

见过他的人，看他，一定就认为他与禅是一个共同体。他是一位设计师，但更像一位修行的禅师。
在生活中，如何把禅与设计融合？将禅道精神，带入他的设计中。书中自有解答。

这本书一如他的所有作品及一贯的精神。不急、坚持完美。从听他说有出书的想法、完稿到请我写序，三年过去了。但我相信，当他确定愿意把他毕生的心血及经验与大家分享，而将它出版，肯定是会令人为之惊艳。

有位设计师的同学及好友，是幸与不幸。急惊风，碰到慢郎中，常常心脏赶不上心跳的速度。但对近知天命的我，也学习到生活也是可以从容地过。所有的因果，皆有它的循环。很多事，是到我们这个年纪，才想清楚，弄明白。希望义明的这本书，带给大家的，不只是家的概念，也可以帮大家悟出一些生活哲理。

陈智安 Anne Chen
瑞士银行新加坡分行 董事总经理

推荐序

发现“真我”的生活美学

“真我”即是这个世界的本质，这个世界的本质属性是大爱，至美。
禅而至真，至真而至美。

林义明这本《眼见之外的设计·空间修行》的设计书，将会带着我们走向设计禅的这条通路，找到美的根源。

王国强 Guo-Qiang Wang
Enecal Pte Ltd, Chairman/CEO

目录

目录

目录

楔子

对修行中的室内设计师而言，
每一个空间都是一个道场，
30年来，我几乎每天行走于我的空间道场中，
从看山是山、看水是水，
到看山不是山、看水已非水，
修行的心情随年纪而转折，设计思虑也渐有成长，
渐渐觉悟抛下用眼睛看室内设计的旧观念，
学会将心打开，
感受经过禅思涤滤后的空间设计，
感受破除了风格枷锁的融合空间，
感受“空”与“融合”所带来的设计和谐与安住氛围。

这些思绪常常在我的内心回荡，
提醒我该做些什么，
今年，我终于下定决心，
试着透过文字与图像的纪录累积，
为自己梳理出一条正确的设计思路，
这是一位禅修设计师的空间修行笔记。

于2013年深秋　林义明

空为何

眼见一切现象，只是相对的真实

禅境美学提供繁碌生活的心灵静域。

巧妙的墙影在视觉与心情上均具莫大的梳理作用。

第一节　万物空性

对错、好恶仅一己私见，识破万物空性方得纯粹真相。

不受惑于眼见的设计

在理法为上的现代社会中，面对任何事情最好都要能有凭有据，一切以“眼见为凭”，但是我们的眼睛真的能看透每一件事物吗？

在天地之间你我眼见的现象，会不会皆只是相对的真实，究其根源才发现终究是空。好比如桌上一颗洋葱，熟润的橙黄外皮包裹着饱满的白色实体，但是当我们将它一层一层地剥开，洋葱瓦解至最后竟好像什么都没有；而一只橘子剥开外皮，可分出一片片橘瓣，再将橘瓣外膜撕开内部又有包着甜美汁液的小瓣，再将其压破后，汁液流溢从手中滑出，橘子竟成无形之物。再如，韧实的蚕茧一旦找到丝线头即可沿丝抽剥，抽出绵延千米的细丝后，蚕茧不翼而飞了，茧不再是茧，而丝也不是蚕茧的终点，这不正说明了宇宙万物皆有“空性”的现象，同时也是实体“无常”的见证。于此，我们约略可以想象你我从小到大一直认定的“眼见为凭”，往往只是天地间相对真实的现象，但这是否即是不灭的“事实”，是不是不变的“真理”，或者只是般若波罗蜜多心经所示：“色即是空，空即是色”，我想，一切见仁见智。

设计禅，源于正知

禅的本意在于探究真相，自然不可只尽信片面之词，因此，我们进一步探究“空”的道理。从字面的解释“空即是无”，那么是不是在世上所有坚持与努力都是不必要的呢？我想这是世人的一种误解。简单地说，不理解万物空性的人，生活之中的言行所为容易困于莫名的执着心；反之，若能理解万物的空性后，便可让我们学会超越的见解，能够将正知所见的一切呈现出来。当我们体悟到人世之间眼睛所看见的一切，其实是虚幻大千世界所营造的假相，假相会不断地生起、变换形体，如此才能做出正确的判断。犹如大家对于美味的定义，有人认定是做法繁复的法式甜点、有人说是原味的简单青蔬、有人喜欢让人微醺的美酒……，这些都是、但可能也都不是，因为真正让我们感受美味的是一种感觉，一种由自身内心所经验的片刻，美食若没有遇到喜欢的人便无法被认定为美食，唯有将这经验透过身体的眼、耳、鼻、手、口……等部位的察觉，进而进入心识，形成使自己难以忘怀的愉悦，这才成为美味的感受，所以，我们知道心识是比有形的实体更为真实。

第一节　应无所住

唯有放下我执之心，方能究竟空间之真相。

设计空境

与其说空间设计是一种创意或技术，我倒愿意将它看作是种生活中内涵的表现，如果创意、技术、技巧是一颗颗珍珠，那内涵是串起粒粒珍珠的那根线。所以，“空·融合”的跨界室内设计设就生出来了！

落入设计陷阱

从事室内设计工作二十余年，至今仍对设计保持高度热情，但心境的转移却如饮水冷暖，唯有自知。这些年来，我常自顾反省，发现自己对设计工作的心境转变竟然与禅修无异。

二十余年前刚从事室内设计工作，当时抱着一股赤诚，凡事以为黑白分明、务求明确断定，很多时候设计单纯只是为了设计而已，所以注重有形的设计，讲究学理上的美学，心态有如初学禅者“看山是山”的单纯年轻。

数年的工作历练后，逐渐转入“看山不是山”的多思多虑，将设计复杂化，三思的结果自然可让居住者感受更周全、体贴，甚至彰显主人财力、品味的设计，也使设计的周边效益达到最高，但这过多的念头却容易迷失掉设计的本心，设计手法的存在变成奢华竞赛、风格枷锁般，徒增了许多限制，但在当下看着自己的作品，以及居住者满意的神情，我并不自知，或许还有些自满于这些“大作”，让心深陷于设计的陷阱之中。

风格约束

这些年，接触禅修并每日自省吾身，逐渐感到所谓风格，与众多形而下的设计形制似乎已不自觉地缚绑着世人的身心，我们太在乎有形的画面。一次，我人在内地，接到一位台湾朋友的来电，我们因为他之前的住宅设计而熟识。当时他人正在澳洲旅行，夫妻俩看上了一件金鱼摆饰，这位屋主因为尊重我的设计，因此，在购买居家饰品时总会问我意见再决定买不买，这次也不例外，可是因为身隔千里让我无法帮他下决定。但当下我突然感觉我的设计似乎约绑了这对夫妻，他们因为担心会破坏了心爱的居家风格竟让生活处处受限。

设计，让心更自在

我开始回想，有许多屋主很喜欢我帮他们做的居家设计，有的甚至五年、十年都还能维持原样，这样的尊重当然让我难掩自喜，但仔细思考这些设计，是不是也让他们生活少了些自在与自主的乐趣，而少了这份心的自在，那就不是生活了。于是，也让我的设计思路茅塞顿开，原来设计不应被局限于眼睛所见的形体，眼不见的设计才是关键，正所谓“看山还是山”，但是山的精妙之处却早已超脱于眼见的画面。原来，设计本身应该是一种追求生活型态的方法，真正必要在乎的是生活的内涵，而非眼见有形的设计。此时，我内心思索的是一种与以往完全不同的“空·融合”设计新概念：当我不再执着追求风格，自然能解开风格的枷锁，于是，没有哪一种风格是合适或不合适，这样的空间设计更适合于现代人的国际观，也彻底的让心自在。

认识空性，才住得自在

放下对于风格追求的执着心，就是设计的空性表现。这样的觉悟让以往难解的设计困境忽然迎刃而解，同时也才开始能落实让心彻底自在这件事。“风格”原本是生活态度的自然呈现，但是，若过度迷信于风格追求，却反而为自己的生活上了枷锁，透过别人所订下的各种设计格式，制约了空间也制约了人心，这是设计者与屋主均需要三思的。因此，当我们回到以设计空性为基础的“空融合”理念探讨上，也强调空间主人与设计者同样必须理解设计之“空性”，理解空间是提供身心灵平衡的环境，而非世俗所期待的风格舞台，如此才可从以往受缚的空间中走出来，而“空·融合”的室内设计设观也才真正地成立。

禅境美学的生活点滴是空间设计软实力。

第二节 空杯满载

空，非断念，是以平静心关注念头，而后能自在。

空杯心理为设计之始

学禅者或许都曾听过这么个故事。以前有一位学佛已久的人，听说某寺庙中有位德高望重的老禅，师便希望前往拜访，盼能使自己的修行再精进。到寺庙时，老禅师请徒弟来接待他，但这位访客自认佛学造诣已高，老禅师竟未亲自相迎，内心便生出备受怠慢的不悦之感，当场也不愿与老禅师的弟子多加交谈，态度颇为高傲。其后老禅师出来接待，十分恭敬地为他沏茶款待，可是这茶倒着倒着，眼看着水已经满了，老禅师却仍不停手继续倒入。这位来访的佛学专家满腹狐疑地问道："大师，杯子里的水都已经满出来了，您为何还往不停地倒呢？"老禅师平静地回答："是啊！既然已满，何须再倒呢？"

这杯水有如前来求教的修行者，自认造诣已高并以此自满的人，心中自然无法再能容纳其它想法，那又何需前来求佛取经。简单的故事却可让人深深体会"空杯"心态的必要性，做设计者又何尝不是如此呢？更何况设计者所规划的空间往往不是自己所住，因此更应该虚怀以对。

明空，体悟设计真相

设计过程务求“明”，设计结果须达“空”，这正是我对自己设计工作的期许。设计师在面对空间的规划工作时，往往需要有大量的思考。起初，心中会涌生出各式各样的念头，而这些杂乱的念头有好的、当然也有不恰当的，所以，自己必须很清楚知道现下在做的事情，了解念头只是念头，不能混淆了主要的思绪与真理，意即整个设计过程随时要保持清明的思绪，这就是“明”，而如何保持内心清明的状态，自然要透过平日禅修的训练。而什么是“空”呢？“空”，可以是无穷大的宇宙，但也可以是无穷小的物质。佛陀曾言：宇宙的空间是由无以数计之大千世界的空间所组成，而大千世界又是由千个中千世界的空间组成，每一中千世界再由千个小千世界所组成，这一小千世界又可分解为一千个小世界空间，由此而知庞大如宇宙，细小如沙尘均可谓为“空”。若从另一角度来观想，万事万物原本就被包容于这个“空”之间，如有格格不入者，是因这设计是受人摆布而使空间有所局限，这样的设计并非出于本心。如此体悟使我开始反思，自己所设计的“空”间，是否已经可以包容世事万物呢？

融合，不同于混搭

设计源自于生活，才让设计更有价值，因此，做设计的人绝不能不食人间烟火地闭门造车。尤其空间设计的发想，起源于居住者在室内的衣食住行育乐等各种需求。换句话而言，空间设计是为使人类七情六欲透过硬体、软体的装修安排而获得最佳的照料与满足，或者说是情感与空间的对应关系。如此，也就不难想象，原本是遮风避雨的居住空间设计开始有时尚潮流的观点嵌入，或者产生高低、美丑等分别心。不可讳言，这些人性化的因素绝对是让室内设计更为壮大而丰富的背后推手，并且随着时代的移转而有变化，衍生出住宅人文的一页历史。不同的时代、地域，各色各样的风格、流派演化，皆自有独到精彩之处。近年随着网际网络的盛行，以及旅行交通的方便性，人与人之间的关系互动更有着大幅变动，以往设计潮流与风格会因地域、人文而有其局限性，但也使设计有了纯粹性，并发展出中式、法式、英式、美式……之别。如今，国际村的潮流趋势打破局限，原本古典、现代，东方、西式的范畴、藩篱也逐渐瓦解。然而，混搭风的设计意图在于将不同风格放入同一环境，借其差异性营造出冲突美感，或依其相似性的设计意念来达到融合共处。但是无论是冲突或融合，总还有些许的分别心，并有主从区别，其最终也无法将万物平等视之，抑或达成真正的和谐自在之美。这与我说的“融合”不同，与禅家所言的无分别心更有本质上的差异。

风格如标签，反绑了品味

前面我们谈过“空”，然而在心态方面要持续多年保持空杯状态，就像是新人一般，说起来简单，其实不容易做到。尤其经验与见识丰富的设计师，容易因循自己偏爱的美学标准，或跟随市场流行的设计潮流，无论是有意识地塑造，或是不知不觉中就易产生流派、风格之分。一旦设计有了风格的标签，也就容易产生格格不入的问题。最常发生的问题就是，当设计师完成一座完美的现代风格住家点交给屋主后，屋主刚入住时十分满意。但哪天屋主逛街时见到喜欢的古典家具，或看中东方的饰品时，就会犹豫不决是不是该买，甚至要想一下或问一下设计师适不适合，如此生活、品味即受到空间的局限。这些问题从有室内设计这个行业开始便存在，早已根深蒂固不容易被改变，甚至有些人根本不想被改变。然而，对于追求更自在生活的人而言，或许应该思考一下，您对住宅设计的期待是什么呢？是让自己居住于更自在的环境？或者您希望让自我品味及生活内容，如商品般贴上标签及对外展示？

空·融合

日本知名的工业设计师深泽直人(Naoto Fukasawa)说过："设计的过程从不简单，但目标是要让成果看起来简单。"的确如此，好的空间设计不应只狭隘地聚焦在风格或美学标榜，而是应该让人感受自由自在、不受拘束，仿如大自然能包容所有一样，如何能做到呢？我认为关键在于"空·融合"。

"空·融合"的设计概念，为一种跳脱眼睛可以观看依循的设计手法，如形而下之风格造型或线条色彩等。透过"万物皆有空性"的正知引导，从无数个念头中不断抽丝剥茧地找出适合的安排。如此的设计，已超越一般人对于风格或主义的惯有印象，如大自然造物般，脱离人为造作的痕迹。当人们追求一种百看不厌，久居其中仍觉自在、宁谧的意境，其设计者必须谨守心识清明，并时时刻刻牢牢抓住自己的心，将立体的三度空间与时间的四度轴线一并考量，进而规划出有规则、有定律、有其设计主轴以及空性的设计。如此的空间作品，因为少了明确标签所以变得不容易解释，但渗透力甚为巨大，让整体氛围看似简单，但内涵却意境深远。

空之相

空，该如何表现在室内设计中？

設计禅不是标签化的东方风，而是空·融合设计的表现。

简单、精致与和谐是落实禅境美学生活的基础。

第一节　空无我执

放下执着，是实践『空・融合』设计的主要心法。

设计，需要更多柔软心

我认为东方风并不足以代表设计禅的全貌，那么真正的设计禅又是什么呢？这也就是我们现在所探讨的“空之相”究竟为何？这不是一个容易说明的问题。一代文豪泰戈尔曾说：“无限，表现在有限之中。”同样的，宇宙间的“空性”并非飘邈，而是借实体形式才能呈现在我们的眼前。身为一位专职的室内设计师，我所最为关注的自然是：空之相，应该如何表现在室内设计之中呢？与艺术创作不同，室内设计与生活是紧密结合的，其中的思考面向更广、受限的可能性更高。除了空间问题，还有人的习惯、喜好问题都须考量。一般设计师会将这重重的阻碍视为难题一一克服，但从禅修出发的设计观点则是：“让自己的心更柔软吧！用更包容的心来面对这些困难吧！”透过包容心让设计的冲突得以融合，而基于空性则不再固守执着，二者结合则发展出空融合的设计禅观。

南塘春水不争流
晴山更遠

设计态度也如禅修

有心于禅修的人多半勤于练习打坐，但若一个人希望禅修却只管坐禅是不对的，更重要的是修行的心与态度。而“空·融合”的设计主张也是这样，若空间主人想要让生活获得更好的安憩与休生养息功能，而设计者却只注重形式地打造它，必不能有好的空间，必须认真地去探究出问题的真相，并以正确态度来面对问题。当人们了解到室内设计不只是风格的呈现，而需用柔软心来找出更多的和谐设计；同时运用禅修的态度面对设计，也如同面对自心，不能只添加更多机能设施给空间，而在给予机能后，再将不必要的干扰一件一件地抽离。如此不逃避地反复审视每一个问题，这才是设计禅观的态度，也才有可能达成空融合的设计境界。

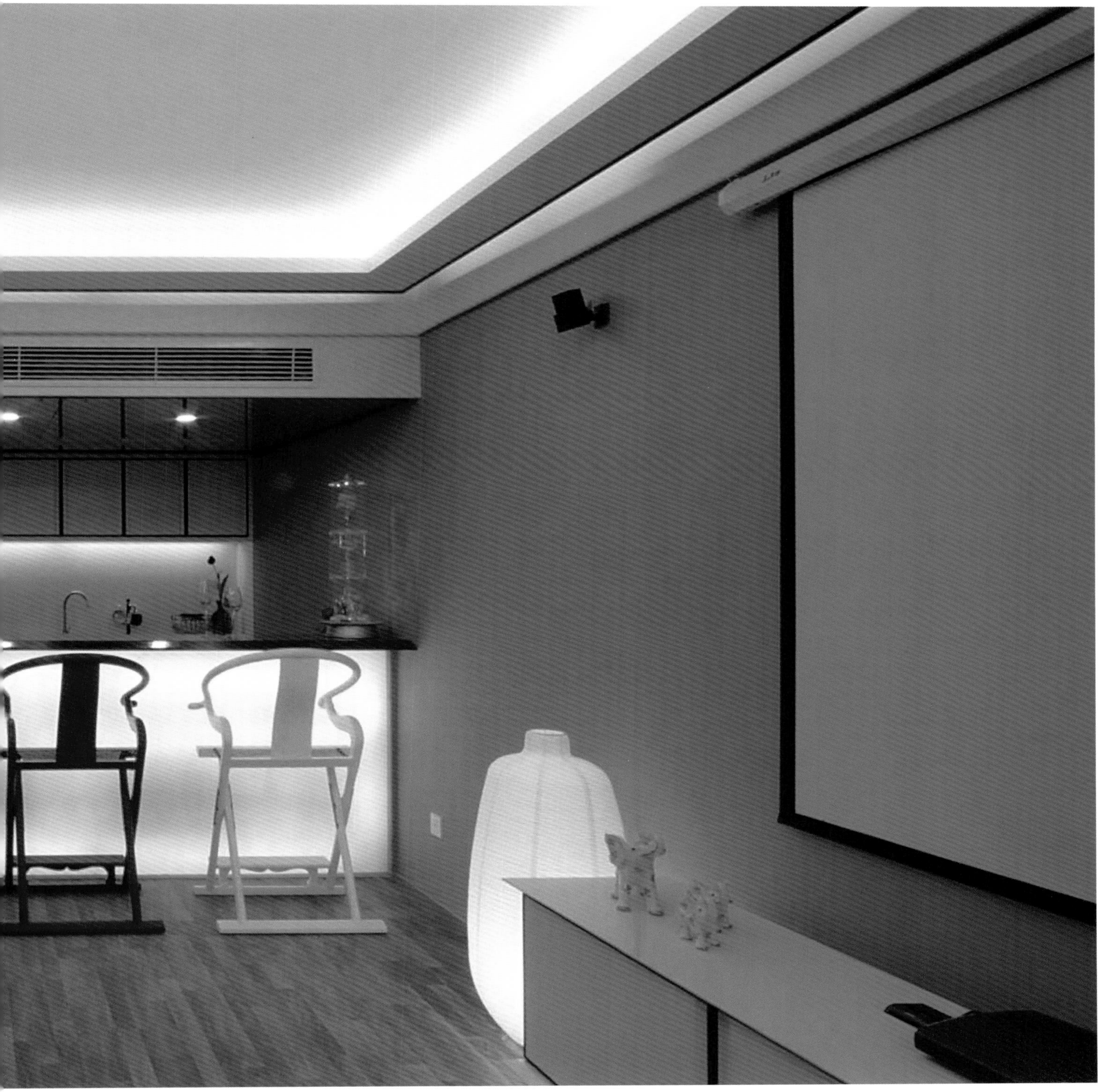

文化感浓郁的东方家具与现代空间交融出时代美感。

去芜存菁的新设计禅观

想要将空·融合的设计手法透过归纳、整理，并且以原则性的说法来解释，说实话有如盲人摸象，的确会以偏概全，同时也容易让人误解，更甚者会落入另一种设计陷阱之中。但是，我们不能因为有疑虑就放弃去说明，或探索此种有助于找出安住于心的设计心法。

因此，我试着挑选自己以往的部分作品，以及近期在湖南长沙的设计作品为例，企图传达空融合所追求的意境，并尝试在本书后段以圆融为度(格局)、线外之音(线条)、色之温度(色彩)、皮相之里(材质)、光之背影(光影)等五段章节来抛出议题，将空融合所主张的简单与去芜存菁的设计概念呈现出来，使空间还给主人更多自在、安定心灵的新设计禅趋势。

将多元文化藉由家饰摆设融入生活，也体现设计广度与深度。

第二节　圆融为度

相容相安得随心之域，求精求简则室宽心更宽。

态度决定高度
格局决定结局

法国建筑大师柯比意曾说：“建筑，是生活的容器”。在每个不同属性的容器内，就像一沙一世界般地运作着不同的生活轨迹。如何在容器之中提供最完美的界线分际，是造物者首要面对的工作，同理，所有空间设计者的工作之首，也在于格局的定度。严整而规律的格局，有助于规范出简洁无乱的生活步调。而奔放、随性的格局，则可孕育出舒展而浪漫的悠闲生活，一如小说的架构、画作的构图，好的格局正是决定未来生活是否能如自己所愿，是否能安适自在的重要基石。不过，在这边我想要先厘清，空间设计是一门浩瀚学问，因不同目的性的空间设计考量，定然产生天差地远的设计方向。因此，我们无法以偏概全，此书所谈的空间设计多以住宅或私人空间为主，至于商业空间或公共空间则应另书说明。

格局圆融，设计无碍

佛法所称的圆融无碍指的是智慧圆满、通情达理之心，进而求得万物和谐的平衡状态，此等境界不也是空间设计的最高意境吗？事实上，不仅只是人与人之间会有利益互争的关系纠葛，在空间规划上也常会有因不同区域，或过多机能需求而产生排挤效应，处理不当使空间无端生出突兀或不流畅的感觉。主要是因为设计者尚未看清楚整个问题的根本，只想以表象的设计来解决问题，却因而衍生更多问题。而寻找解决方案的过程其实与禅修的态度无异，不应被各种形而外的形式或风格所迷惑，而必须坚定知道心之所趋，再找出彼此互利、无阻于心的变通手法，如此空间自然达到自在、安定的境界，这也是圆融为度的基本涵义。

亦中亦西的自在风格

在速食的年代，我们习惯对有形的事物做定义，好提点出空间或设计的价值。但，空间之于人的生活应该如水之于鱼一般，环境的必要因素在于水的清净度、温度、咸淡度等，而非在意是圆的或方的鱼缸。换言之，我们重视机能、重视氛围、重视质感，应该要更甚于风格、造型或材质。尤其处在地球村的时代中，有形的东方或西方不需对垒分明地被区隔，也不是设计应关注的重点，反而应该去思考，在居住者的心中美不美、雅不雅，是否能提升居住者的心灵层次。所以，简化的西式建筑中包容着深具东方文化根柢的墨宝，以及水、石等自然元素，亦中亦西浑然天成。

高度展现出器度
细节成就了品味

豪宅本身有的格局架构，以及对应于户外的环境因素，可以让室内空间的画面更为加分。但设计的好坏，不单靠建筑的因素，其细节的着重更是关键的环节。画面中建筑外观采欧风设计，除了高达六米的挑高外，在窗型上也采拱窗与长窗型式，为了因应窗型变化，分别运用了蜘蛛网状的八卦窗以及人字窗等不同花窗图腾，顺应了拱窗的圆融，也满足长窗的素雅，并延续成为室内吊柜的设计元素，环环相扣的设计细节成就了品味，也突显出建筑与空间设计的变化性。

过道，成为亘久弥新的风景

设计者必须不断地反复地去审视自己的设计思维，一条走道可以是简单平淡、也可以是绚丽奢华，无论何种形式都可以满足其联系的空间机能。但是，如果想要它成为亘久弥新的风景，那就不同。摒弃了浮华而容易过时的花哨设计，去芜存菁地留下最为经典的画面。透过连续图案的串联来提示过道的意义，加上黑色边框的界定区域，让过道有如艺术廊道般，同时也延伸出更无限绵长的空间格局。

海纳雄心的私密天堂

书房，是许多主人在居家生活中得以与内心裎裸面对的私人空间，同时也是决策天下的层峰之处。一处可放松、可正式、可宁静无物、可精彩丰富，充满了设计的常与无常思维。为了满足多元需求，特别选定一面对天井的位置，借着岩砖柱与木地板的粗犷表情，与精致而优雅的天花、壁面恰成对比，发展出明显的冲突美感。再以简单有序的线条陈设为经，明暗分明的灯光为纬，铺陈出宜静、宜动的私密天地。

精简而准确的线条是空间的美感来源，可抚平烦心的画面。

第三节　线外之音

借去芜存菁的线条，绘空间禅意与生活诗意。

穿针引线，带您穿越时空

线条，是空间设计中最广泛运用的手法之一。在设计师的手中，线条有如魔术师的戏法般，可以变幻出或直或曲以及图腾等各种不同的视觉效果，并创造出时而刚强、时而柔媚的装饰美感。而更重要的是，线条同时具有实质的设计寓意，比如线条常被运用为区域分割或引导动线之用，也可成为设计主题的主角或烘托陪衬者。

许多设计手法甚至可运用线条的整合来简化复杂实体。总之，线条变化之繁复、之精采，端看设计师如何把玩这魔法，在此就不多做赘言。不过，单从“空之相”的观点来思考，线条具有实体之外的设计意图，而这“线外之音”有时创造出来的强大能量还远远超过眼睛所见的线条，好让居住者独享这意犹未尽的余味。

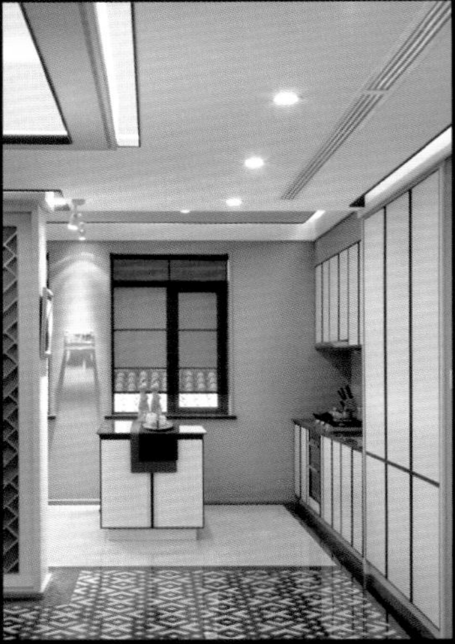

色线条映衬白色空间的精致工法

精品设计般，恰如其分的线条能突显出设计与工法的细腻在优雅的白色空间中，内嵌的墨色线条适度地为这个空间计下了注解。例如，天花板上墨色滚边的线条含蓄地守着光晕，静默地强化空间的格局感受。另外，柜体上的线条让空间更有条理外，上长下短的比例设计也让画面有拉高的错觉，无形中让视觉与情绪都更舒缓。

栏杆线条所营造的优雅律动感

栏杆是楼梯与挑高楼板空间中必要的安全机制，具有护栏作用、规范示意、区隔空间等机能，同时也是一般设计师常用的风格提示重点。但是，画面中栏杆的古典线条被刻意简化了，如此设计可减少居家中过度拘束的紧张感，但却仍留有适度的典雅气息，而最重要的是它优雅的弧线让空间有了一种特别的律动感受，并以整齐划一的线条营造出一种安心、安稳的保护感。

窗花线条，内涵文化的余韵

窗花为中式建筑中常见的设计元素，具体体现了某些文化底蕴，以及东方世界隐约内敛的意含，其特殊的古典韵致适度地软化了空间氛围，当然也丰富了空间的层次感。不过，在此并非只沿袭传统设计手法，例如将窗花图腾铺上孔雀蓝的底色，突显金黄线条的贵气感，也凭添了一丝异国情调。同时，用于橱柜门片上的窗花可让柜体减轻重量感，而且多了份窗棂的穿透错觉，并藉由线条图腾来增加空间表情，这也是设计者不着痕迹的戏法之一。

长廊的魅力

设计必须借助于有形的元素，但是这些具体形式却不应过度受限于风格，导致不同风格的物件在同一空间中显出格格不入的别扭感觉。这是串连不同空间的一个过道，在实质上有连结各空间的意含。让地板上特别运用连续图腾设计来做隐喻，这样绵延不绝的黑白线条并未特别锁定某种风格，而将重点放于壮阔气势的营造，展现出有如宫殿或城堡般的长廊感，让过道空间也能有令人惊艳的魅力。

云游的思绪

有时候图腾线条的表现，更胜于语言、文字或音乐等沟通方式。设计者俏皮地在过道、转弯或者空间的一隅，轻描淡写地绘上一朵云形图腾，略带东方笔触的云朵好似能带走烦恼似地让人顿觉轻松不少。或者，这样的云朵也可让经过此处的家人思绪随之云游。当然，更是禅修已久的设计者希望自己设计的空间可以给予居住者更多心情转换的契机。

精致简单的云游意念为家带来禅境美学。

选择建材对设计者而言无异于修行，必须先放下妄念。

第四节　皮相之里

放下皮相的追求，始得看清空间的设计真理。

相是幻影，却引人无止尽的追求

这里所指的空间皮相是材质，而材质确实是设计的重要元素之一。有如万众生物的表情一般，当架构有了材质的披覆后，空间便有了质朴、素雅、狂野、温婉、奢丽、豪派等各种微妙而生动的表情。不过，材质于最早期的建筑或空间中，其实多半取决于机能考量，如适水、抗火、耐风、挡晒或者保暖、防水等。但随着科技工业的进步，机能材质被赋予各种美观性的附加功能，从此空间皮相之争有了开端，追求皮相本身并无错误，不过，皮相之里的“心相”是否被忽略了呢？这才是我们必须关注的。

我认为好的设计者必须理解空间的属性与情绪，也就是所谓空间心相。掌握心相，并赋予每一设计环节最精确的材质选配，避免喧宾夺主，如此才可接近表里如一的完满。仿如大自然造物的奥妙，其主要考量不在于贵贱，而是必须与设计展现浑然天成的巧妙，所以豪宅不必然要有奢华金碧的表情，小康之家也可以拥有美丽动人的画面，关键在于理解空间的本质。

观想书房

可能是身为设计师的缘故，每次面对书房设计我总特别融入。在这空间中我挑选了曲线优雅的新古典造型长桌、正襟危坐的明式家具，以及做工极细致的竹丝编织柜，再铺上缤纷、舒适的藏毯为整个空间塑造着安定感。这些物件看似东南西北、无绝对关联性，可都是一时之选，并间接地透露出主人遍游四海的足迹与眼界，完全不受限于任一种风格的约绑。其主人精采生活的缩影，透过这些画面的连结，不同触感与质地的触动，让主人即使在小小书房中，也能凭借物件与画面而有所观想，进而延伸出更宽广而正面的能量。

越是简单的空间，越能传达设计者对于精致与和谐的追求。

温实木感

生为天地的一份子，人经常梦想以天为帐、以地为床的场景。不过面对自然环境的严苛考验，这样的梦想还是须转换一下。透过大量木质建材的运用，让地板、壁面透出温实、暖和的氛围，再借着木纹线条与拼贴的方向性来经营出朴拙的肌理，让人一进入这环境就自然而然卸下心防。另外，天花板上高耸的斜屋顶与西班牙式的阳台设计提示了慵懒的庄园感，但这些意象都只是潜在的联想，不同风格的设计元素简化精淬后犹如轻描淡写，只剩余韵而无压力，这是我所追求的“空·融合”。

疗愈岩室

无论是不是习惯禅修的人，面对着忙碌生活，其实亟需有个让心灵修憩的空间。这一小小的天地正是疗愈身心的安住之所。以往设计者多半从身体的角度来思考，但在舒适之外，我在这一空间的规划上更着墨于心灵需求，刻意地将所有物件的色彩抽离，让空间的存在感回归于零。这样可以让主人的情绪更为专注、不受干扰。而大面积的岩石质地让视觉所及不同于寻常室内的表情，则有助于让久居都会的心灵彻底松绑，以便更为清明地面对自己的内心。

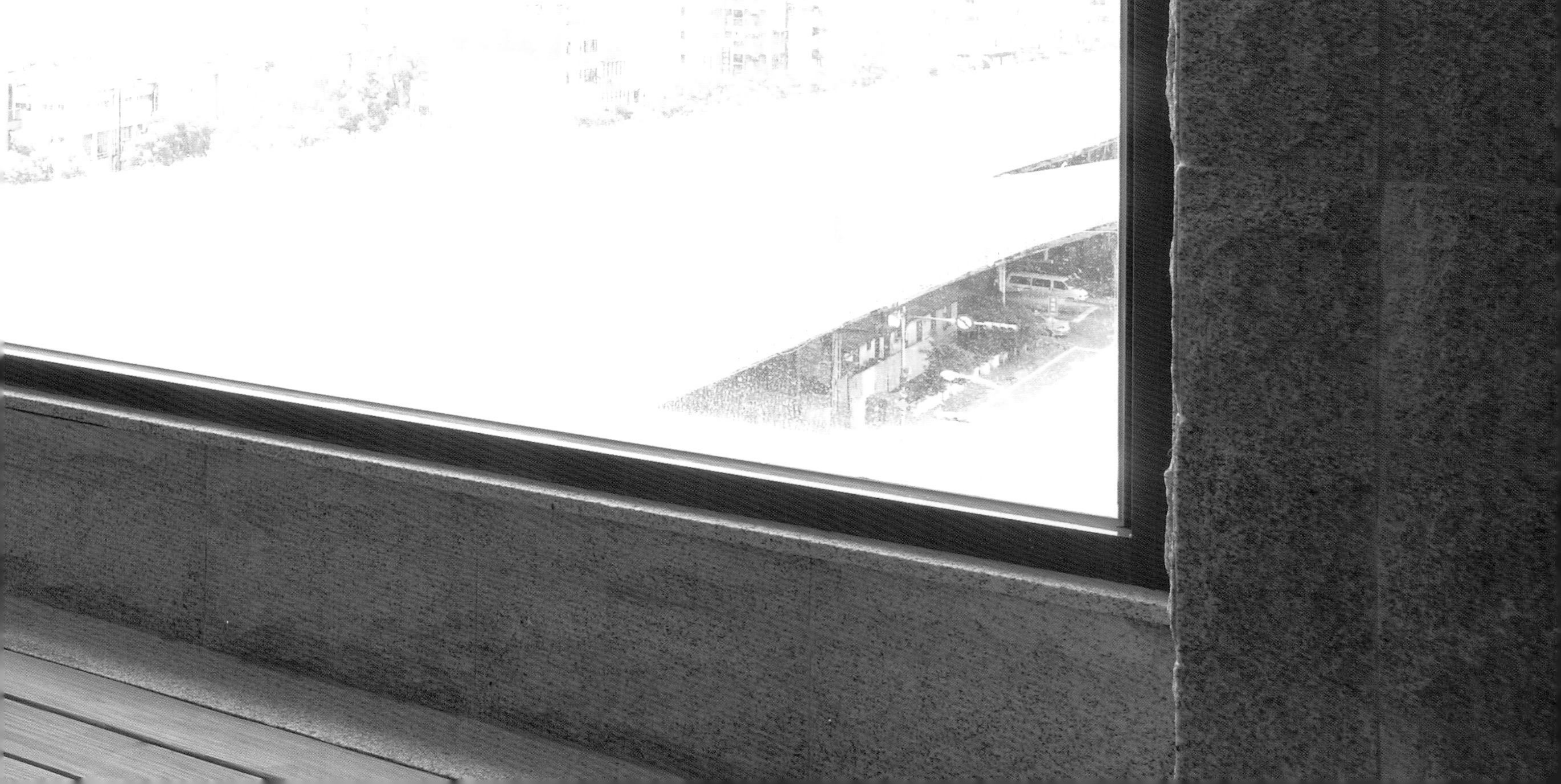

纯粹美感

艺术纯粹为追求的一个目标，但是室内设计的存在主要在于解决生活问题。因此，设计实务上常常无法兼顾纯粹感，难得借这一个卫浴空间的案例，我试图将艺术的纯粹性与生活的务实面作了融合。整个设计理念藉由白色大理石的质地、纹路来呈现出纯粹的艺术意念，所以摒除了各种干扰，在壁面、地面、柜面与各个转折面均以同款大理石作为铺面，同时因应各区需求而产生不同的切割处理，使画面达到视觉的无瑕、线条的美感，以及防滑的机能，让整个浴室展现更通透、天然与壮阔美感。

在空间设计中阴暗与光明同等重要，应平等心视之。

第五节　光之背影

禅如设计修行者的明灯，寻得真相。

平面影子，
让世界变得更立体、真实

“谁来为我介绍这个世界？ 是光。”

曾经见过一部相机的广告片，影片里中的画面拍得唯美，而旁白更道出了“光”的存在价值。

我们知道，光是天地间正面能量的源头，也是让空间设计更有存在感的重要推手，严格来说，在空间设计者的眼中，光，是所有设计的起点，绝对是设计中不可或缺的元素。日本建筑大师安藤忠雄就曾明白点出：“仅仅透过对光线的追求就能成就建筑。”而他著名的大作“光之教堂”便以主墙面顶天立地的镂空十字架来引入光源，纯粹的光展现出神性，也成为光设计的极致表现。不过，天地万物都有阴阳正反，当我们见到光的明亮，是因为有光背后的阴暗作背景，衬托出光的动人，由此可知，引人入胜的不仅只有光，有时候光之后的背影或许拥有更大能量，让人感到安心适意。

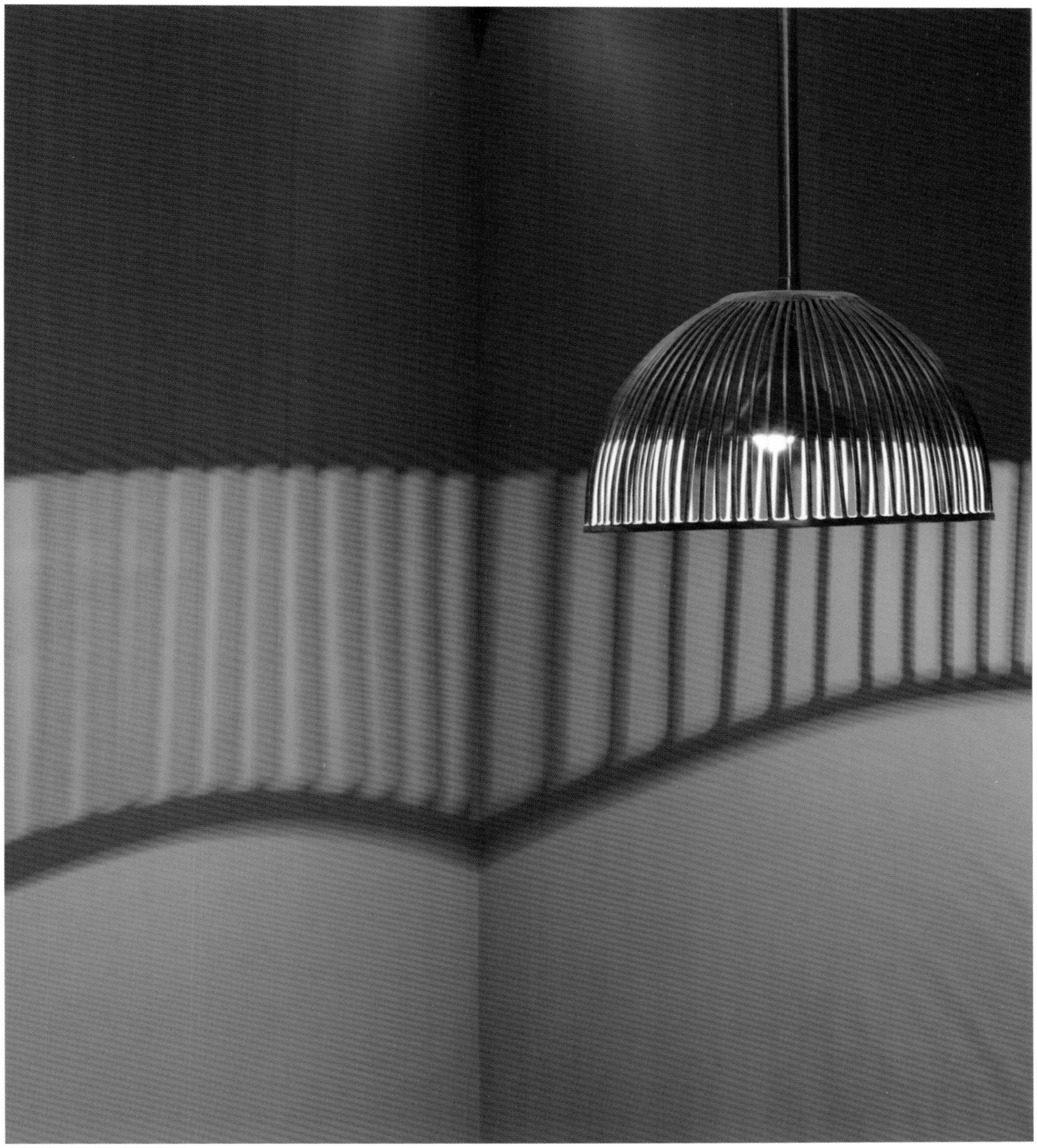

光的灵动，使空间更迷人

光线，是空间设计中绝对重要的环节，无论是色彩或者造型、线条，没有一样不是透过光的媒介、变化来呈像，若再加上光的强弱、色温、照射方向性等安排，甚至具色彩的光源运用等种种因素，则有更多元、丰富的表现。

且先不说设计师对于光的运用技巧，仅仅依着天体运行时产生的日夜循环来看，就可以感受到自然光源因白天与黑夜的时间转移，或者日出与日落、春夏或秋冬的光影变化，就使得空间产生完全不同的氛围与空间灵动感。而这样自然而然的空间光影当然并非任由自然移动变化，看在一位设计者的眼中，这扇与外界连结的门窗可以说是难能可贵的设计法宝，如何借此法宝将室内环境与自然结合成完美的空间演出，则有赖于设计师的全面思考。

纵然，光是如此美好，但是并非盲目地以光为贵，有时候并非一昧地光亮就是好。在长沙一案中，我透过一个单向采光的天井书房，让空间藉由单纯的光线投影，营造出明暗交错的画面以及稳定宁谧的气氛。刻意未将书桌椅安排在窗边，让主人有如舞台旁的观众，可以静静地享受光的表演，看它从晨起到黄昏、从晴光到阴雨的各种细微变换；另外，也可透过壁面材质的立体或平滑触感安排来突显出光的存在感，这样的空间设计有些像是数学式的计算，但答案却不见得是1+1等于2，可能产生相乘效果，也可能是次方的变化，而样不受理性规范的设计，也是自然光最迷人之处。

窗，带来光的美丽

我们知道，光源可分为自然光与人造光源两种。其中，由窗而入的光源是室内最主要的自然光，这也让情牵于自然的人类对于窗户有了不一样的情感。美国建筑师唐林·林登曾在书中提到："看着窗就像注视着一个人的眼睛，让我们看到那后面的生命。从里头看出来，窗或其它种开口可以框一个景，修掉丑的，留出好的。好的框景把外面的世界拉进来，差劲的则拒其于千里之外。"

的确，开窗对于设计者而言有时真像是件艺术创作，而且是与天地自然的联手创作。包括开在哪里？什么样的窗型？尺度？以及窗与内部关系？每每都需要缜密的思考，而每一个案也会因立地条件、建筑限制、人文需求等导致窗户的千变万化，无怪乎有人说，一个窗户里面就有一个故事。

半圆拱长窗是最广受欢迎的窗型设计，最早起源于欧洲中世纪，搭配了三段式长窗设计，突显出建筑的高耸、宏伟，也赋予了空间优雅的质感。且不论风格，光是形体便是美的，我特别以蜘蛛八卦窗花来装饰半圆拱的上窗，显示在形体上自然有着西方情、东方心的寓意。但这并非最重要的考量，其最终的追求仍必须回归到美与融合。当然，也不能忘记窗仍是控制、调节光线和气流的关键角色，当大量窗光照进室内时除了带来光明，同一时间也形成室内部分空间的相对阴暗，这是所谓阴影，而利用阴影面适度地加上灯光营造，则可达到出人意料的层次美感，也再次说明光之背影有着更多可探索的美丽。

色彩为设计利器，但应发乎情、止乎礼。

第六节　色之温度

色即是空，空即是色，挣脱色之缚后方得融合之境。

见色观禅

色彩，是室内设计者赖以表现空间美感的重要元素，同时亦是禅修者在修心练性时所面临的五蕴之首，其重要性自不须赘言。不过，由眼睛所见到的白即是白、黑就是黑吗？事实上，万物皆为空相，眼见之色只是最肤浅的表相，因此，设计者在用色之际自当要能掌握见色不单纯为色的态度，不为眼前之色所惑，而是善加利用每种色彩所内蕴的能量来传达空间温度、情绪，并修炼出最为精准的用色之道，此为色之禅修。

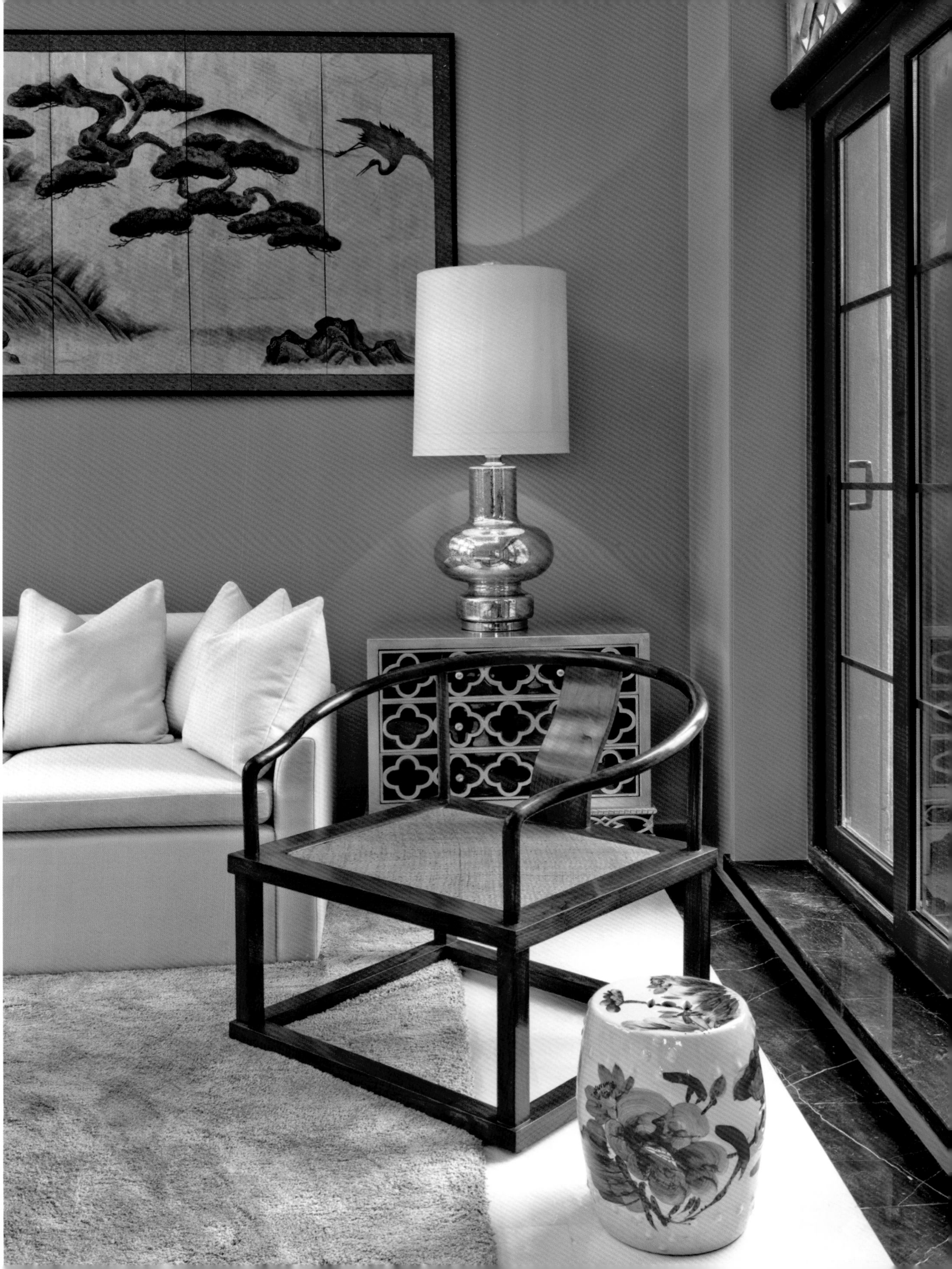

惯性色彩

冬日将尽，趁着温暖好日将冬衣取出整理，好让出衣橱来置放轻薄夏衣。然而理着、理着发现衣橱内的色彩似乎大同小异，偶有一、二件不同色系的衣服，却好像整个冬天里不曾取出来穿过，这使我体悟到自己对色彩已有惯性。除了对于衣着有色彩惯性，对于居住环境同样也可能产生惯性思维。一般人会透过自身熟悉的样态、色彩来打造出惯性环境，这有助于安定与放松情绪。但是，却不一定是最佳的设计，而最适合空间的规划，则常少了主人色彩。所以，设计者必须将主人的惯性与环境完全看透，并抽丝剥茧地厘清深层问题，才能善用惯性思维带来的安住之所。

色本无常

无论中西古今，金色在不同的时空、社会中总是能独占鳌头地成为帝王之色，让人追逐。所以，从十几年前起我便经常为一些豪宅主人打造出金碧辉煌的尊贵华宅。这种设计虽然耗时、耗心，不过看到主人开心体面地将豪宅介绍给友人，让屋主与设计师皆宾主尽欢。但是如此住宅美则美矣，可是惊喜有余、却不容易让内心放松安定。对于需长期居住的住宅来说自然不十分合适，加上人心喜好无常的天性，当空间的惊喜度因习惯而逐日下降时，再美也变得索然无味。这样的觉悟让我体认到设计不该只追求表象的华丽、噱头，只有创意或者高档建材堆砌的设计，不算是真正设计。

色贵于菁

东方人对于色彩运用不如西方人活泼、有自信。其实素朴是一种人文的表现，并非缺点。毕竟用色原则贵在菁，而非大胆或数量多即赢。那么如何能掌握空间用色重点呢？坊间设计师多以风格为主要考量因素，透过模仿经典设计的方式来做色彩搭配原则，但我认为这无异于山寨版的仿作，更像是搭建出某种风格的舞台。我想重点在从心思考，从主人心之所趋，以及空间的机能面、光与暗、物件材质等条件来琢磨出空间色调，而且将鲜艳或焦点色彩用在易于变换的墙面或者活动家具上，不仅凸显层次，日后也可借此来变化另一种空间风情，更合乎人性善变的常理。

色贵和睦

眼睛所见为六感之首，也是我们感受空间设计的重要媒介，可以说六感设计眼为先，因此想要经营出什么样性格的住宅，从色彩上着手是最简便而具成效的方法。不过，所有设计的决定都非任意而为，再喜欢的甜食也不能当正餐，而是要讲究营养均衡。色彩的运用也一样，不能因为想要奢华则无限地镶金包银，必须重视彼此之间的和谐性，唯有将所有色彩一视同仁地看待，才能放下贵贱分别，清楚地搭配出精致合宜的空间色彩，如此也才可能获得宁静心性的住宅。

空间设计之最终目的在营造更自在、清明的生活环境。

空之韵

引智慧因子进驻生活节奏中

自然是空间的一部份，也是环境与心境的设计要素。

第一节　花见如来

让『自然』如花般地生长在居宅内，调和着主人的呼吸与意念。

自然而然

师法自然，这不算是空间设计的新主张，不过，每位大师的主张都颇有其独到看法，这是多数设计师向往与追求的目标与研究的课题。对我而言，如何才能将文明与自然作完美的结合呢？关键在于“自然而然”四字，也就是说如果将自然以造作而装饰性的方式移入居宅环境之中，那么即使盎然绿意对我也不算自然，这样的自然是一般设计师或住宅主人的错觉迷思。只着眼于装饰性的材料，却不见设计心法的自然有如东施效颦，韵致全无。甚至更糟糕的是，将自然作为一种固定式的装饰，完全无法依随主人心情或者需要做更换，如此反而限制了主人的居住意境，这样的“自然”当然就不足以称为自然。

自然设计必须是“有机的”，换句话说就是这融入于空间中的自然设计是有生命力的，不能被固化。而如何达成不固化的自然住宅呢？重点在于，能融合、可重复使用及自由度要高等三大要素。首先，必须可融合于现代、中式、古典、西方等各种人文风土之中；其次，必须可重复使用、生生不息，这样的考量是设计者对环境与宇宙的负责态度；最后，也就是最重要的自由度要高，住宅的设计若处处局限住主人的生活方式或意念，那么何来自在可言？没了自在，即使是皇宫都让人难以安住，不是吗？也由此回证：自然，贵在自然而然。

南塘春晝水争流
山更遠

安于自然

天地山河的原貌天生就有许多崎岖，但多数时候人们喜欢追求平顺。在连结室内与户外的天井建材上，我们借着立体、错落的参差，以及粗犷的毛孔表情将自然带入生活之中。平面不必永远是平面，使整体空间的氛围产生了另一种天地壮阔的奔放思维，让原本单纯的居家中有了空间转换。安于室？或徜徉自然？任君选择。

天堂，无非自然

姑且不论宗教、门派的说法，天堂，是人类对生活环境最为极致与渴望的形容了。但是，你可曾想过自己心目中的天堂是长什么模样呢？

在从事空间设计工作的过程中，我有许多机会与屋主或朋友谈论他们心目中的天堂，这答案自是人人各有想法、模样也不尽相同。但是，大部分人心目中的天堂形象多半不脱离花香鸟语、宁谧自在，其共通的元素就是自然纯净的意境。妙的是这意境无关风格、无关材质，也远远超越色彩、比例或者线条等一般设计师所斤斤计较的元素，也不禁让我暗自揣想，是不是人们所向往的理想生活空间并不在于设计专业学校中所教导、在乎的种种理论，而是与心灵更为契合的自然。

其实自远古以来，人们对天堂的无限想象，就与山石、水流、风云、花木等自然界的生命情境有着紧密连结：希腊神话中奥林帕斯山上的神殿与动人故事；藏传佛教图所向往追求的净土“香巴拉”；现代建筑大师安藤忠雄，在日本本福寺水御堂中明白地以安坐于水中的莲花来寓意生命孕育、成长于自然的佛教意境……，都显示出人们对于自然天工的崇拜与渴望。如此和谐而平静的巧妙天造确实让人心中油然而生出一种不起邪念的充实与满足，仿佛一切喜悦不需外求，而这样的空灵意境也是身为空间设计者的我所追求的。

简单，才更美好

在台北近郊有一座颇有味道的陶瓷小镇—莺歌，纯朴而悠闲的街景是繁荣都会生活中不错的调剂行程。因为工作的需要，我经常走访莺歌，这是身为设计者借工作之便偷闲享有的一种小小奢趣，一者为寻找适合空间摆设的物件，同时也让自己能走进人群，呼吸一下空气中弥漫的自由温度。随意地四处逛逛走走，往往可以在不经意中遇见一些美好的机缘，这一件漆金佛头作品便是如此的巧遇。

我喜欢的这尊佛头，其实并不是名家作品，也不是因为它有特别创意的设计，单纯只是佛像本身所散发出来的庄严法相之美。这有如人与人之间的欣赏，不见得最有才华、最美丽或最聪明的人就能有最好的人缘，就像这件作品没有最昂贵的材料、最特别的工法，却能在众多艺术品中吸引我的目光。艺术的创作不脱离设计意念、色彩、材质、线条、造型等，但是若将这元素单独分解，却又称不上是艺术或美，充其量只能说是艺术家手上的材料罢了。所以，材料绝对不是好作品的最终关键，如何精准地拿捏、运用手上有的材料，使作品展现出和谐、宁静的美，这才是创作者应该钻研的问题；同理，与其追求高昂的建材或流行的风格，空间设计师应该更关注的是如何为居住者打造出简单、和谐与美好的生活空间。

五岁小孩能懂就好！

动画大师宫崎骏曾经说过：“想要跨越国际的界线，必须先要有些领悟。”所以，大师总是用最严谨的眼光来审视、看待自己的作品，他说：“说不定这个作品只有日本人才懂。”而这样谦卑的态度，正是找出跨越国界共通点的不二法门。

绝对不好高骛远，宫崎骏总是这样想：只要能做出五岁小孩能懂的东西就好了。因为越是简单易懂的故事越能直接触动人，在宫崎骏众多动画作品中，没有语言、文化的局限，也没有年龄、性别、国界的界线。不用借高深的理论或学问来包装，其动人与成就却更悠远、隽永。

不仅现代动画大师作品如此，其实早在唐朝，诗人白居易作诗时也是力求“老妪能解”的境界。相传大诗人白居易每作好一首诗，便请街市小民或老妇帮他解诗，希望能作出通俗而容易明白的作品，而这些诗也因让人朗朗上口而能流传千古。宫廷诗人自然有其精琢之处，或古典、或前卫的空间设计也拥有许多追随者。然而，创作者若能抛下过度包装的理论，跨越人为造作所立下的种种门槛，让设计的目的回归到最真挚的层面，是不是能打造出更加和谐而自然的生活空间呢？

住的智慧

宗教常言的无我空性，谈的是从心底根本脱离人世间苦乐轮回的妙方，让思绪得以放下对“我”的执着，也就是能看清自己与念头、自己与情绪其实都是分离而独立的。“我”不应该受到某个偶一念头所牵引、甚至钳制，应该学习驾驭念头以及各种情绪的生与灭，并保持以清明中立的态度，以便看清这些人世间不断增生的俗念，并为这些情绪找到最单纯、正确的判断。这样的大智慧是人生之中的重要课题，而这样的智慧放诸人生各个层面也通，如若能将此一智慧转念而运用在空间设计之中，必定能创造出真正安住人心的乐土仙境。

设计禅，让心灵更富足

心静了，
才能听见自己的声音，
心清了，
才能照见万物的本性。

那一年，我开始思索空间设计与禅……

当生活越是丰富、热闹，
我们越渴望有一处让心安静、清明的空间，
然而，空间的定静关键在于心，
何以创造让心更富足的设计呢？
自然必须由心的照顾做起。

心的觉察来自眼、耳、鼻、舌、身的感应，
因此，设计禅以全身五感为前导来协助体验空间，
当五感放下执着、逐渐平静，
才能唤醒意识、更细微地感知环境，
让六感同时与空间和谐地交融，
以达心的安定与清静。

如此，建构于六感微禅的空间设计于焉诞生，
这是让人与空间得以交流、静修的场域，
是让心可以专注于居宅中，
让身心灵可以更富足的疗愈设计。

于2014年秋天　林义明

设计与禅

禅，是找到事情的究竟真相。

我与设计之前世今生

想要纠正别人的错误，不难。

但能为自己抓错并尽改前非，实非易事，

放下多年旧观念犹如割断前世，

但唯有如此才能再生。

空间设计的前世观

从事空间设计多年，除了经验的累积与解决问题的能力渐长，我与空间设计之间的关系，竟也像前世今生一般，有着无法切割却又截然不同的设计心境，此番有幸能借这本书的自述，重新审视、回头看看自己的设计路途，同时更确立自己未来的设计目标。

初出茅庐接手设计案件时，基于设计热情，总想为屋主创造出一点新奇的作为，才不枉屋主对自己的期待。所以，这阶段的我从模仿学习出发，想方设法地创造设计。但前人何其多，大师也层出不穷，其惊世骇俗之作多半已经有人尝试过，而过于矫情之作也非我所欣赏。于是，我开始专注于细节的要求，舒适享受、华美视觉都成为我追求的重点。此时期为了让主人获得超乎预期的满意住宅，身为设计师的我也百般迎合主人胃口，推陈出新地挖掘国内外流行的各种新旧风格。

渐渐地空间设计变成时尚，且演化出不同流派或者风格崇拜，更甚者本末倒置地将住宅风格变成主人品味象征，意在展现设计师成就，赢得外在眼光的赞叹。当然，我的意思并不是说别人羡慕、欣赏您的家是件不好的事，但是，这应该不是必要、甚至是最主要的设计考量。

》》标签化的幸福

现在人喜爱标签，室内设计经常要被贴上某某风格的标签，这其中确实藏有不少迷思，姑且不论住宅犹如主人与家人之间的后花园，其环境设计应该更着重于个人与家人之间的内聚力与独特性。
即使单纯从视觉设计的角度来看，我们也容易忽略人的喜好并非永远不变，可我们却甘于将自己生活环境局限于一种风格的呈现，忘记了屋主可能因为人生经验与时俱进，而使心境产生变异。过度地追求风格使原本应该让人放松的住宅环境被标签化了，无论是古典、新古典的设计，或者现代、极简的规划，要营造出某种风格，自然必须遵从某些设计的语汇，但是过度注重表显语汇而失去当代、当时以及当事人的设计手法，让住宅充斥着各种符号与标签。诡异的是，这些相似度极高的风格符号，常常能让我的屋主在交屋当下感受到完全的满意与莫名的幸福感。

》》再美的梦想也会褪色

身为空间设计师最令人欣慰的事，就是在完成作品后如期收到尾款，而且还能接受主人真挚的感谢。这种带点虚荣的成就感，确实也让我自得其乐了好长一段时间。不过，有些时候我也发现，更多的主人在交屋当下的确是非常愉悦，但不久之后，亢奋的情绪渐渐转变为淡淡失落的心境。
并不是我的设计有什么问题，或让他们不满意，而是屋主打从开始就一直将这房子的设计、打造当作是一种对梦想的追求，并对梦想抱持各种虚妄的想象。最后一如所愿地实现了美梦后，虚妄的欲念在实现的那一霎那也到达了高峰，犹如自然万物的抛物线理论，接下来只能向下滑落，幸福感或原本很在乎的情绪也随着时间而逐渐递减。这些变化都是当我们盲目于追求的当下时不曾预知，或者是刻意忽略的。

事实上，人的心绪变化是无时无刻不存在的，常常我们欣喜于获得的此刻时，其实也就是这一段幸福的谢幕，毕竟公主与王子在幕拉下的那一幕后是否还会幸福呢，这已经不再是众人关注的焦点了。那么，面对人心的变化万千，究竟什么样的空间设计才是值得追求的呢？

》》放下的设计

“放下设计”并不是要大家放弃装修自己的住宅，或者不再追求美好的生活，而是我对于空间设计的新领悟。正在我百思不得其解，不知道如何满足人心无常的贪婪之际，因缘际会地接触禅修，从调心、修性，到慢慢可以静下心思考问题，十余年来才逐渐体悟到金刚经所示“应无所住而生其心”的道理，这样的理解让我顿时触类旁通地看清许多设计的困惑。当我们在处理设计问题时，不应有任何执着心，放下执着心后才能有无私无我的智慧来判断出空间的优劣，并且不参杂任何不必要的杂质地为空间找出最佳的解决方案，至此，算是我在空间设计领域中的今生开端。

空间设计的今生禅见

学禅后，我第一次以内省的方式思考空间设计是什么呢，而不再像从前一样人云亦云地看空间设计这件事。简单来说，这是人类因为想追求更美好生活，进而衍生发展的一门学问。除了是有宗教目的，或者希望彰显政权、皇族的建筑设计以外，一般人在空间中所做的一切建设，最大用意在于创造出更便利、舒适的生活，以及让心情更臻愉悦的空间境域。因此，设计的考量也是遵循平实、简约的做法。但不知何时开始，现代空间设计极注重表象的风格语汇，衍生出过于标签化的风格设计。这些有如成见般的风格设计逻辑如同藩篱，容易束绑了设计人的思考，也误导了空间设计的目的。所以，必须先打破这些设计的藩篱。我认为空间设计不能一昧地追求标签化的比例、造型与风格设计，为了寻找清明而非颠倒梦想的设计真相，我下定决心以苦行僧般地禅修、内求自省，一步一步地去寻得一处“身、心、灵安住的完全住宅”。

》》禅修，学会简单

这几年来，禅修早已经成为我日日不间断的生活作息，我习惯藉由禅修的反覆思虑来观察事物，并训练自己将禅修的功课落实在生活与工作中，务求所有思考都是在探究、验证后找寻到真相。这样的工作当然不能立竿见影，一开始甚至有些象小学生般地在一个问题上反复，但持之以恒多少也有些领悟。几年下来，越发能理解天地间越是历久弥新的事物，越是简单而且纯粹。

这样的理解让从事空间创造工作的我颇有感触，一般设计观念在见到空间有所不足时，总要尽量去弥补、添加，使其机能或视觉画面更为圆满。这样的设计理念看似无懈可击，从屋主层面看来，满足居住者的种种要求确实可以达到宾主尽欢的结局。但却不知过多的添加其实就是负担，一如现代人习惯吃维他命来补充营养，但却可能造成更多身体负担。不断地增加空间设计，就像是给身体过多的食物一样，只造成肥胖与不健康，倒不如以简单轻食的概念来对待身体与空间，思考如何能在更少负担的情况下让主人的生活变得更好。从而，这样的理解逐渐让空间设计主题达成一种人文的“简单”概念。

》》简单，务求精华

什么才是简单呢？

是风行如口号一般的极简主义吗？

当设计线条、造型简化到最原始的点或线吗？

这就是所谓的简单了吗？

这的确是值得一再反复地观想、验证的问题。我认为简单的真谛不只是简化形体而已，而是让设计能够不受限于任何形式的表现，而关键在于呈现事物的“原貌”。举例来说，一只杯子在设计师眼中可以有各种造型，圆的、方的、椭圆、菱形、三角形。或者设计出高一点、矮一点、多个把手、拉个曲线，水晶、陶、磁、金、银或玉石等等各种材质，花样很多、造型也无法一一列举。但是真相是，它就是一只容器，必须符合于容器的设计考量，当设计者将其初意忽略，杯子就失去存在的必要性。所以无论样貌如何转变，制作技法、材质如何运用，杯子必须先满足容器的要求，再以去芜存菁的原则来思考设计。而住宅空间是人居住的环境，也像是我们生活轨迹的承载容器，所以，无论何种条件的空间设计，必须先探索居住者生活的模式，再经由去芜存菁的过程找出真相。回到先前所提，住宅的设计真相在于提供舒适、自在的环境，因此，从千万种设计路径中寻得最精萃而安住的空间，这样的设计才能达到我所追求的“简单”设计。

住不离禅

在居住中植入禅思因子，筑出自在安住的架构。

专注于设计本身

老禅师曾说：“专注在念头的目的，

并不是要阻止念头，而是单纯地观察它。”

同样地，

设计禅是将念头专注于设计本质上，

而非否定设计的必要。

学禅，有如算数学

学问，顾名思义要学、要问，这也是为什么我们自孩提时期便持续透过上学、阅读或游历四方等方法来获得更渊博的智识。但是，学习不会只有一种方式，禅修者认为不只要观察于外，更重要的功课在于反躬自省，且内证于自心的思考模式，而随着未来网络世代的到来，禅修更将成为生活中最基本的一件事，为什么呢？

从前大家将禅修与宗教、甚至出家学佛者画上等号，但是，这样的既定印象并不够周延。从求知学习的层面来看，禅修课程其实无异于其它学习科目，如一般所知小学生上数学课必须有低、中、高年级的进阶分级，如此区别是方便教材难易度的选择，因为不是每一位小朋友将来都想要变成数学家，所以大部分学生到中学以后便不再进修数学，但若心有向往者自然可进一步深造，经过钻研后造诣深厚者才可变为学者或开课授业。禅修者亦然，每一个人都可以从初阶课程开始学习禅修，但是不必然每位学禅者都要出家修佛。

》》心的波动来自于自己

或许您心中还有疑虑，我们从小要学习数学、语文或科学，是因为这是生活上必须具备的能力，但是学禅又是为何呢？对此，首先我们必须先认清，禅修是自心训练的基本修为，追求的是真相的探究，而且不仅局限于宗教范畴，也唯有排除了宗教信仰的约束，再回过头来看这问题才较为中肯。人有七情六欲，情绪则有波动起伏，但你是否想过自己的情绪的波动不是源于外在环境，而是来自于自心。心可以随波逐流，也可以不动如山，情绪动与不动其实全关乎于自心。心的力量相当强大，几乎超乎自己的想象，所以若未能将自心妥善管理，则容易漫无目的地飘移、难以驾驭，长久处于此种状态之下便容易躁动不安，更甚者躁郁、忧郁症缠身。尤其在未来，我们在生活之中面临着资讯洪流，高度的科技使人类生活处于前所未有的富足年代，但是我们的心识却未获得同等升级的照顾与约制。这是极度危险的事情，有如未考驾照则开车上路，一不小心就可能身陷于险境之中。

》》感受平静与安定

进入网络时代后，每天我们的大脑必须处理超过以往数十倍，甚至数百倍的资讯量。如此繁忙的生命容易让人变得焦虑，若不想任由自心随着外面世界千头万绪的事件起舞，寻求内心安定与平静的功课则更显重要。幸运的是，古圣先贤为我们留下了正路的轨迹，从古籍文献中或现代科学报告里都已经证实，禅修对于平静心灵确实有着正面的帮助，禅修者可以在不外求的状况下透过调息、观想来安定心绪。我们很开心，目前禅宗的思想已经被东、西方社会广为接纳，可以预知在未来中禅修将被更多人所接受，甚至可能成为生活中极其基本的事情。

当然，是不是接受禅宗洗礼仍在于个人选择，这点必须完全受到尊重。不过，身为自我修行的空间设计师，我发现无论是不是修行者，一般人只要处于禅寺或宗教殿堂中，就容易让内心进入一种安定、沉淀的状态，这种特殊崇高的氛围可让自己的心更清明，我想如果能将宗教空间中修复人心的疗愈功能提炼出来，放入我们日常的生活空间中，自然有助于关照自心，进而能缓减生活中莫名的焦虑困扰，这是我提出室内设计禅的思考起点。

空间设计的理性与感性

从人云亦云的室内设计观念中出脱后，我开始寻找居住对于人生的真正内涵，这让我更能觉察出自己工作的任重道远，也更认真地思考还能为室内设计的现况做些什么呢。随着大家对生活品质的日益注重，设计行业快速崛起。多年来，我遇过不少人对设计师有着过多浪漫期待，其实室内设计是非常科学的事情。我试着从解构的角度来看室内设计，大致将工作切分为理性与感性二部份。

》》软硬兼施的室内设计

生活舒适方便与否和空间硬件装潢息息相关，举凡室内外所有的动线、机能、色彩、气流、尺寸比例、高低长宽等设计，均具有一定程度的专业性。所以在整个装修工程期间，除了须与主人进行机能或私人习性的了解沟通外，设计师必须为硬件设计工程负担起最大职责与把关的工作，这部份是依赖设计师本身的经验与专业素养，这也是一般装修工程中最具体、而且偏重理性的层面。当然，设计工作也有感性面，追求更美好气氛也是空间设计的重点。这些与空间画面构成及生活氛围相关的感官设计，则是所谓软装设计，在设计环境较健全的国家或较有规模的设计公司，多半将软装设计分门别类地另设了陈设部门，其重要性与硬件不相上下。但因为时下的软装室内设计偏重于视觉表现，视觉设计的效果吸睛度高，又能创造话题与风潮趋势，锋头之健往往超过硬件规划，甚至让人误以为设计师就像艺术家一般。

总之，设计工作必须是理性与感性的结合，若我们将住宅比喻成生命体，硬体规划是身体骨肉，那么软装设计就如同服装，有了合理、舒适的架构就像是拥有健康的骨骼，但还必须穿上合身、适宜的衣服才能呈现住宅完整的样貌。

》》家，穿什么衣服呢？ 住，也要时尚吗？

在我多年的设计经验里，软装设计常常是主人面对住宅装修时最为关注的环节。这事不难理解，如同一个人对自己的穿着打扮，即使不是专业服装设计师，但仍会有个人习惯或偏好的审美观可依循。属于哪种材质、什么色彩让自己最为自在，或者某种偶像式的符号追寻都属于此类设计，最能勾起主人的情感连结。家的软装设计也像是选配衣服一样，因此，我鼓励空间主人可多参与这个部份的设计，即使无法达到百分之百的自主设计，最好也能提高到八成。倘若，主人真的对于生活美学没有把握，设计师的主导性也最好能控制在六成以内。若能掌握这样的原则来沟通软装设计，必定更有助于让装修完成后的新居体现出主人喜欢的样貌。这原则可让住宅设计不再是高级成衣，而是剪裁合身的订制服，不仅能真正住出主人的格调，更重要的是回到家中会更感对味与自在。

》》等待称赞的品味

东方人对于土地、宅第有份特重的情感，自古即认定『有土斯有财』。除了将房宅看成为地位象征、投资的标的外，现在我们更将住宅的设计视为品味的表态。这样的想法也不可谓不对，但是，奇怪的是，品味这回事应该是一件让人直觉愉快的美好经验，而且是由自身内心的体验，而不是需要透过外人的肯定与赞美之后，才能有信心地肯定自我是有品味的。但是，不知从何时开始，我们习惯将『品味』的议题搬上台面来，似乎有意无意地在等待别人的赞美，身上要穿名牌衣，手上要拿名牌包，脚上要踩著名牌鞋，当然如果也能住在名牌设计师所设计的房子里，那就一定是保证的有品味了！

》》学习辨识真相与幻相

前几日与一位年轻的企业主聊天，谈到现代人似乎都有一种收集癖，有钱人对于名车、名表、名牌包的收集自然多多益善，而一般人没有丰实的财力作后盾，但也可从其他方面来满足自己的收集欲望，例如台湾非常盛行的百货公司或超商集点换购赠品、玩偶等活动，也成功地吸引大家来踊跃消费。这些现象虽是商业社会中的正常活动、无伤大雅，甚至小有乐趣，但是，从点燃想要欲望到收集过程，到最后完成任务的整段心路历程，却往往易让自己的心情无端起伏。

自己虽非名牌时尚产品的崇拜者，不过，倒也不是反对名牌好物。喜欢美好的事物、要求更好的品质、或者追求偶像等，这些事情本身并没有什么错，我认为即使对于修行者来说，体验有品质的人生、飨宴美食、聆听悦耳的音乐等，这些享受本身都不是坏事。而且所有宗教倡行的潜心修行，其目的并非要让每个人都要堕入清贫，或处于一无所欲困乏其身的处境，而是让人认清快乐的真正面貌与幻相。

》》放下对于幻相的执着

无可否认地，人类的欲望一直都存在，即使有智慧的人一样会有贪欲。但是，智慧与否的分别在于：智者内心更清明，可以透过不断训练自心的方式，好让自己能拥有辨识幸福真相或欢愉假相的能力，而且更重要的是在看清楚后，必须学会放下对幻相的执着。

我们的生命过程中可能时刻面对着幻相，要如何才能放下执着呢？关键在于学会驾驭自己的心，时时刻刻明白自己的念头，知道自己不会受惑于眼前的贪欲，更不会天真地以为拥有名宅、名车、名牌包……就能紧抓住未来人生的幸福或快乐，自然也能明白即使没有名牌的加持，心仍然可以感受到知足的快乐，唯有如此清明、坚定的心才能知道什么是真正属于自己的快乐。同样的，将这种放下执着的领悟反映在空间设计一事上，就是不再盲目崇拜名牌设计师、高档建材、奢华设计，而是训练自己用清明而澄澈的心念来看待空间设计、要求工程的品质，如此自然能展现自我的品味；反之，将自己的住宅作为秀场，以表演的心情等待客人的赞美，这样的品味不是真正的品味。

微禅自在

微禅调伏心，自在无挂碍

身心安住的禅修设计观

真正解脱不是让自己从生活中抽离，

而是让生命

从不断地追求快乐与落入不快乐的轮回中跳出，

使生活节奏与居住氛围渐趋平稳，

而身心亦能得真正的休息。

住宅变成颠倒梦想的贪欲

空间设计的目的常常是在满足人的五感需求，不可讳言视觉、听觉、嗅觉、味觉、触觉是我们与环境的第一类接触，甚至内心对一个新环境的好感与恶感都容易受到五感干扰与支配。但是，如果空间设计者在思索设计时只着墨于五感的满足，则很容易被自己的“贪欲”所引导，变成一种表相设计的竞逐。

设计者与屋主双方或许会认为：我们在事前沟通设计时已经很有耐心地讨论过主人喜欢的色彩、造形、餐厅形式、沙发家具……。但是，这般殷勤地与屋主讨论未来新居的风格与需求，常常正是勾引出屋主梦想，让主人误信只要实现某种自己钟情的设计风格，就能获得长久幸福的居宅。却不知这经常只是人们对于空间的一种错误期望，也可以说是设计师引导屋主一步步建筑出内心对住宅的贪欲。

专注本质

不少人执着于自我构筑的住宅梦想，但其背后真相是：无论住宅装潢的成果是否如愿以偿，往往在设计装修的工程结束后、屋主入住的当下，幸福愉悦感就已经达到至高点。而在“贪欲”实现的瞬间，我们的心中的确会产生快乐感，如果后续有亲朋善意的称赞，心中的快乐可以延长时效，但若遇到有亲友提出未尽预期的评论，也就是痛苦的开始。住宅之所以会变成颠倒梦想的贪欲，另一个更重要的因素是，我们忽略了人心是无常的。今天喜欢的色彩，过半年后可能就腻了，今年流行的样式，明年就不再时尚。若我们妄想将自己对家的幸福期许架构在无常的心上，这无异是一种缘木求鱼的痴心，于是使我们对于住的追求落入了贪、嗔、痴的妄念之中。

》》贪欲非动力

我们了解人心中的贪欲有如地狱之火一般的烧炙，想要拥有的执着是一种贪欲，但却被许多人视为是自我挑战的动力，并且借此克服许多困难。犹如人类为了更好的生活不断地掠夺大自然，试想，对于大地我们是否抱持过度的贪念了？但是，这样的贪欲一旦稍有不察，便被误认为是迎向进步的动力，不断地煽风点火，企图让贪欲之火燃烧得更旺、更炙。

其实，空间设计也一样，如果我们忽略了住的真正本质，以及设计的真正目的，而盲目于追求所谓的梦想，终究使自己落入追求快乐与落入不快乐的轮回中。如何才能脱离这轮回因人而异，必须自我检视，但有些盲点却是必须先看清的。回归前面所提到的人类因追求美好生活而衍生出空间设计，居住在房子里的自己需要的是自在与舒适，因此五感的满足设计重点并非在追求新鲜、浮夸或过度的身体感受，而是达到“意念”的安定、愉悦，亦即身心灵能否获得充分休息的设计应该才是最大的重点。

设计禅第二课：六感微禅

时下所追求的空间设计，多半以五感设计为标竿，大体而言，总是着眼于满足机能与取悦屋主的风格设计为主。另一方面，主人的焦点也是围绕着如此的设计范畴与思维。然而，一个再完美的设计若无法让主人感到自在与安住，那么华丽、舒适又有何意义呢？这样的道理自然人人能懂，但又该如何而得之呢？我想所谓的意识，亦即第六感正是问题之关键。

》》自在安住的追求

回到室内设计禅的初衷，让“身体自在、意念安定”是住宅设计的重点。不过，“自在安住”意境虽不难理解，但想要将此概念落实到空间设计中却总是显得有些空泛，我试着归纳出自己的一些看法。我认为让人感觉自在的空间设计，最为基本的确实是先要能迎合居住主人的五感感受，也就是当居住者身在这个空间时，可以从眼、耳、鼻、舌、身各方面来感受环境的呵护感与归属感，使身体的每一感官均能自然融入于空间中。

这是一种最直接的反应，我们知道对于外在环境的种种变化，人们可藉由身体的五感知觉来感受环境，当环境中的色、声、香、味、触能达到一种和谐状态，便可使眼、耳、鼻、舌、身五感置身于平静、安定的环境中，如此才可能获得内心的“自在安住”，所以我认为室内设计禅不应该只有五感，而必须是达到六感设计的“自在安住”才是我所追求的终极设计目标。

》》聚沙成塔的微禅精神

很多人都知道，专注于呼吸的调息是禅修中极为古老又有效的方法。虽然这是最初阶的自我修行练习，但是却也是最便捷而容易执行的方式，原因是每个人都不会忘记要呼吸，不是吗？这简单的理解，让我发现高深的学问常让人束之高阁，而越是与生活节奏及步调密切相关的修行，才越容易被接受。所以，我认为若能从“住”的空间着手设计，让人更了解禅，更体悟禅之所以能抚慰人心的特殊力量，将是最深刻而直接的途径，毕竟居住是人生极为重要而不可或缺的一个环节。

现代人无论是企业主、上班族、或是学生、家庭主妇等等，大家都很忙！“最近忙吗？”成为见面的问候语，想要拨空禅修，甚至打个坐都是件难事，但是心的枝蔓不能任其恣乱杂生，心需要时刻关注，杂枝也要定期修剪，不能等有空再说。所以，微禅所要阐述的便是即知即行，意即“只要一念静下、即可修禅。”这种体悟对于现代忙碌的社会是极大的鼓励与抚慰。

》》真相是禅，过程也是禅

禅修，是一条长远的路，但所幸“究竟真相是禅，过程也是禅。”所以无须气馁于修行的成就大小，只要积极从微禅作起。“六感微禅”正是我个人在追寻自在安住的室内设计过程中油然而生的一种新体悟。我发现当人放下执着成见，用静的能力去体验一个空间感受时，便可以透过眼耳鼻舌身的五感来提升居住者的视觉、听觉、嗅觉、味觉及触觉感受，当这五感达到平衡状态则可使心安定下来，意即六感中的“意”获得满足，便是所谓六感微禅。六感微禅并不是宗教拘束，而是一种生活能力的积累，可以强化我们对空间极细致的感知力，让人更清楚意识到自己的存在，并由混沌不明的生活乱境中脱离。若能让心识与身体处于清明的状态下与空间共处，自能保有心灵的健康与安定，如此才能真正获得愉悦而安住的生活。

设计禅第三课：空间的疗愈力

不同年代，室内设计会发展出不同的新定义。早期的装修设计主要用来解决生活问题，但是，现代生活中基本的问题多半已经不再困难，但在“住宅环境”相对富足的年代，人们对于“家”的情感与依恋却不见得比以往更加深。为什么呢？这个问题面向相当广，确实值得大家一起来深切思考，而身为空间设计师，这也是我辈需不断思考的课题与方向。但在此我想谈的是大家逐渐遗忘的一种空间特殊功能，意即空间的疗愈力，我认为这是未来空间设计极重要的环节。

空间本身有一种神奇的疗愈功能，最显而易见的就是宗教建筑，有高耸者可上达天听，亦有宽广如海纳，仿佛可以容天下之错。在这些空间中我们除了震慑于空间的雄伟，也因空间与心灵契合而产生出一种无可取代的抚慰感。这样的疗愈功能有没有办法在现代的室内设计中重现呢？

》》六感之首，眼观禅

别误解！我的意思不是要将家里弄得像庙宇或教堂，但是，如何能借镜其沉潜心灵的设计奥妙，让人回到家中即可放下纷扰情绪，更有效率地调养生息呢？其关键在于“空”。空的意境我们谈过不少，而空的方法则必须从六感微禅来实践。举例来说，六感之首为眼，据科学家的研究，以后人的外貌可能逐渐改观，而其中眼睛将越来越大，显示出现代化生活对于眼睛的需求十分吃重。如果我们回过头来检视自己的生活空间，是否有更好的安排来解决问题呢？我曾经为一对丁克族夫妻设计过一栋别墅。夫妻俩因为从事金融工作，随时要注意全球金融市场的变化，几乎24小时只要在家的时间都必须盯着萤幕，可能是电视或电脑，所以他们两人住的房子内有七台电视。这样的情形其实不夸张，现代家庭中除了客厅、餐厅、卧房、书房、甚至厨房都可以摆上电视，如果再加上平板电脑、手机的使用，即使人回到家也无时无刻盯着萤幕。那么如何能放松呢？随时处于紧绷或有事等待处理的心情，自然无心感受空间的美好。所以，在眼观禅的设计中必须先厘清视觉设计的真相，了解每一设计的必要性。

》》音乐，不需要眼睛！

在顶尖的音乐殿堂中，流传着这样一个小故事。

被誉为指挥帝王的著名指挥家卡拉扬，与他的小提琴演奏家好友朱尔斯坦都是扬名世界的知名音乐家，他们携手合作的演奏总能感动无数音乐爱好者，让听众沉浸于音乐的美好之中。但是，许多观众发现他俩在演奏、指挥时往往是闭着眼睛，而且彼此间完全没有眼神交流或沟通的。于是有人问朱尔斯坦：“这样难道不怕现场会出错吗？”朱尔斯坦回道：“真正的音乐是用心灵来感受，而不是用眼睛看的。”而卡拉扬更说：“乐谱是摆在我和乐队间最大的障碍，每次音乐会之前我熟悉完乐谱之后，便远远地把它们抛开，并用身心与感受音乐超然的魅力。”

我们经常妄想用眼睛来听音乐，或者用口取代耳朵来虚应声音的讯息，这是缘木求鱼的事情。“聆音禅”正是让人的听觉回归于纯粹的一种微禅修。仔细想想，我们经常在听家人说话时表现出聆听模样，但内心却早已下了定论，甚至急于用眼睛来判断当下的局势，只是想让对方赶紧说完，好用自己的口来高谈见解，这是听得不够专注的，自然不能将心比心地感受对方的真正感受。对空间也是这样，如果不能用专注的耳朵来厅环境周遭的声音，常常会忽略了静的美好，忽略了空间与人的对话，忽略了环境的声音，这是非常可惜的一件事。而聆音禅的室内设计，正是要为其空间主人找到适合的静域，让空间自然而然地疗愈身心，这是住宅设计最根本的价值。其它如眼、耳、鼻、舌、身、意等六感均如此，从六感的体验来思考，把室内设计中次要的元素、物件简化，让室内设计回归于“空”的本质，如此可以为内在的平静和幸福多腾出些空间来，接着再以微禅的静去体验这个空间的感受，自然能够获得空间的疗愈力。

设计禅第四课：空·融合

六感微禅的设计强调空间可藉由空的意境来展现出众的疗愈力外，既然如此，我们还需要其它的设计手法吗？答案当然是肯定的，六感微禅的设计理念绝非家徒四壁的空谈之见，而是将居住者的需求与渴望透过去芜存菁的严格筛选后，留下精致、简单的、必要的元素。而这些元素或许已经减少，但却很重要。因此，设计者需要有筛选的能力。如何将之串联又是更重要的工作，所以，我们理解六感微禅设计的思维重点在于融合的和谐性。设计是无法单独存在的，这一点与宇宙万物互有依存关系是相通的，所以，室内设计禅在执行面上必须注重的不是传统概念中如东方禅风的造型，而是人与物之间的和谐、物与物之间的和谐，以及物与空间之间的和谐。这是基本原则，也是六感微禅设计的心法。

》》从平等心中找和谐

禅修经常强调的自我修行之一，就是我们对于人、事、物都应无分别心。这件事乍听之下好像与室内设计毫无关联，但其实这却是能否成就空融合设计的关键。不知道您是否有接触过真正的禅修大师，这些大师们拥有真正的平等心，因为他们的心一直是维持着冷静、而且有智慧的，完全不受外来的因素所打扰，即使一般人看来极为切身的事物，在他们眼中都成了微不足道，如此才能心无罣碍，而不致于因为自己的偏爱或厌恶去左右判断。如果一位设计者能够有如此修为，不轻易受世俗观念中的高尚与否、潮流、风格…等等偏见所烦恼，自然能在设计思考的千头万绪中做出正确的取舍，接着再将世俗的设计观改而转变以人、物与空间的和谐性作为设计的圭臬，那么空间自当会呈现出如大自然造景的和谐美学，大自然所创造的空间是让人可以恒久自在的设计典范，也是对抗人们无常心的最佳对策，而其方法无它，唯有和谐。

》》和谐性非统一性

学习设计的学生应该都听过这样的理论：统一(unity)是将一群视觉元素融合为一的最便利手法，可以透过相同或类似的形态、色彩、质感等原则，使创作或设计的视觉表现更有秩序性或一致性。这是大部分设计师都拥有的美学素养，但是，六感微禅想要达成的自在空间并非统一性的设计可以企及，而是和谐性。

和谐与统一的观念相似，但其基本的意义却大不相同。想达到统一设计的目的，其手法不外乎寻找相近的设计元素，或者运用重复性或连续性的设计手法来达成。但是和谐性却不局限于相近的设计元素，可能将明代的家具放入现代空间中也能创造和谐性；至于连续或重复性的设计手法若无法与空间环境的其它设计互相调和，自然也无法有和谐美。所以，我们知道空·融合的和谐设计重点不在于统一，而是找到每一设计的适当性。

设计禅第五课：放下·我

我们常常因为跨越了某些困难而给予自己一些犒赏，这是一种生活情趣与自我肯定。一次，我为自己买了一只价值不非的手表，这只手表见证了自己某一段时间的努力与成就，但是平日东奔西走的我却不常带着它。我很清楚手表属于我，可是我并不依赖它来帮我报时，没有它我一样准时、一样知道时间、一样地过日子。有一天我在翻找东西时不小心将这只手表摔到地上，它整个坏了！一开始我很难过，责怪自己的不小心，甚至懊悔平日为何不常常带它，心里面一整个被不甘心与可惜的情绪占满。可是，经过一晚上的沉淀，我发现自己其实一点损失都没有啊！这只手表平日每天被关在盒子中，我不靠它来提醒时间，也甚少把它拿出来把玩，大部分时间我根本完全不记得拥有这只手表，但是当我失去它时，我的心却如此懊恼，这无异是自己寻来的烦恼。至此，我开始学着放下我拥有它的想法，奇妙的是没有了它的第二天，我一样准时上班、一样和客户开心地聊天、一样精确地处理每一件事情。我不曾失去它，因为我从未拥有它。

“放下”的念头很简单，几乎所有经由眼、耳、鼻、舌、身等色相能达成实现的事物都可以被放下，也就是所谓色即是空。一旦了解此一真相后，在作室内设计工作时才可以无分别心地取舍出真正需要的设计。

»» 70%是没用的！

现代科技日新月异，以往人类需经千年的酝酿才由农业社会转型至工业时代，而工业时代则在历经数百年变迁后，在近几十年内快速进入网际时代。正当我们酣战般地努力追求更多、更进步、更强大的未来科技同时，自然也有清明之人提出发人深省的建言。据说：我们拥有的生活中有70%都是没用的！智慧型手机中70%的功能是用不到的；满载的衣橱中70%的衣服是不需要的；一辆高档轿车中70%的速度是多余的；一栋大房子内70%的空间是闲置的；甚至一辈子努力挣钱，可能70%都要留给别人花的……我们为了追求所谓的成功人生，让自己的生活变得忙碌、复杂，但是却没有更快乐，如果我们只留住那需要的30%，是不是可以让生活变得简单些，让身心都更轻松些？事实上，在越来越多元的社会中也开始出现另一种“一切从减”的新生活态度。好生活不在于多，而好的空间设计也一样，如何能找出您生活空间中需要的30%设计，如何能更简单、更精致地打造您的住宅空间，这也是室内设计禅的研究宗旨。

》》富足心灵，微禅养心

前一阵子，我从报纸上看见一则有趣的研究报道。根据美国最新研究指出，每天都吃同样的午餐能降低热量摄取，这真是不错的减肥策略。这项研究发现已经被刊登于《美国临床营养杂志》（American Journalof Clinical Nutrition）中，科学家实验发现，一个人若连续七天中午都吃一样的通心面和起司，一天可减少摄取100卡热量，原因在于遵循着不变的饮食惯例，会让我们习惯吃某些食物，因此，比较不容易吃过量食物。营养师也提出见解：“有时候人们会忘记食物只是提供身体能量，这使我们花太多时间和心思在食物上。建议大家可以少一点选择，但选对东西吃。”

虽然我不是要提倡减肥，但是，这则新闻却给我很大启发。我们的饮食习惯无异于现阶段的设计环境，富足的环境易使人忘记了空间设计的本质，为了满足更多商业化的需求，我们花了很多的心思在创造惊奇的设计上，不如，就像营养师建议，不用太花俏的选择，但要选对设计，让我们一起学习着富足心灵，并且以微禅来养心吧！

设计我见Q&A

Q1：许多人会疑问，“空·融合”的设计是不是极简设计呢？

A1：我的答案是否定的。极简主义是将所有空间的机能与设计元素透过整合，使其平整化、无形化，意图消弥或降低源于设计所产生符号，以及对于居住者的影响甚至是压迫性的，这是现代设计中颇受看重的一种风格，但与“空·融合”却是不同的。

空·融合是以空间与人为主角，设计师与屋主均先放下对各种风格的成见与先入为主的观念，这部分为“空”；接着，积极地过滤适合的设计元素，并以无门第之见、无风格之别的心态来接纳、融入这些设计手法与元素，透过整合，使设计能与空间融合、与人融合、与环境融合，进而达到心安自在的空间意境。如此的设计结果不见得极简，也不会冰冷，而更能创造空间的和谐之美。

Q2：设计除了满足机能、美感外，还要有疗愈感，如何达成呢？

A2：现代人注重身心的协调，疗愈系设计已经成为设计中的重要课题。但是，大多数人谈疗愈设计都着重有形的外观，比如运用自然感的石材、木质，或者以色彩强化疗愈感，不过，我认为想要达到疗愈身心的空间设计，关键还是在于整体的和谐感，而且必须建构在六感微禅的基础上。佛陀认为，外光的荣耀，不及内省的光明，所以唯有内求静虑才能有真正的得与满足，空间设计的道理亦然。我认为建筑或室内设计不能只一味地追求视觉或造型的表演，这些有如外光的荣耀；反之，应该寻求内省的光明，追求一种纯净、无添加的菁萃设计，经由专业的把关与严选，犹如除去杂草一般，使空间得以保留住最纯粹而真实的美感与舒适机能。这样的生活空间少了干扰，自然可以让居住者的身心灵更为清明。有时候让我们的六感有足够宽裕的空间来喘息或呼吸，远比任何外力添加的设计作为更适当，此时居住者只需透过眼、耳、鼻、舌、身、意识等最直接的六感来觉察周遭环境，实际体会简单与可纾压的空间感即可。

Q3：什么是无添加的纯净设计，是一种放任无为的设计观吗？

A3：现代的生活环境中，人们过于追求表相及五感的完美体验，为了有更好的卖相，导致商人在产品中常加入过多的添加物，这些化学或不自然的添加物最后却造成我们食不安心、穿不安心、用不安心，连住得都不安心。为了避免这种担心的生活，我提出应该推广无添加的纯净设计，以便释放空间的压力。无添加的设计与放任无为的任由空间发展其实不同，我们知道好的食物并不用过多的添加物来调味遮掩，就可以让食材散发出迷人的滋味，即使需要经过烹调来提味的食物，重点也是放在处理食材与精准的调味上，绝对不会用过多添加物来做出美味，那是反其道而行的做法。这道理也适用在设计上，好的室内设计要先选出真正健康的素材，这一层面是众所皆知了。再者，要确认设计做法是合理的，是不受限于个人成见的，是不被风格所局限的，这一层面的无添加概念端赖设计者的能力与态度。

那么，少了风格的窠臼、也没有添加不当化学物质的污染建材，就能成为好设计吗？也不尽然。所以，不能放任空间无限制地发展演化，反而是要透过设计来严格要求人与物以及物与空间的和谐性。而且所谓的和谐性不单仅从视觉来观察，而必须透过心来感受，如此精密而繁复的思考后才能符合六感微禅设计所谓的无添加纯净设计，同时也才能让空间避开负面能量，散发出更多的正能量，创造出有益身心的环境。

Q4：空间禅设计与一般室内设计有何不同呢？

A4：二者之间最大的不同在于，禅设计是从“精神面”来看我们所处的生活环境，但时下的室内设计主要是从“物质面”来看空间，所以一般的设计虽可以满足空间的机能与风格，但是，只有以禅来观想与思考的空间设计，才是由意识、心灵的充实来发想、思考空间设计。

我认为，以“一念静下即是禅”的设计思维，能让身处繁忙生活压力下的企业主、上班族、主妇等，可以时时修剪心中繁乱的意念杂枝，使内心维持清明与最佳状态。另外，经由禅的思维所设计的空间就像是一个大容器一般，可以包容任何事物，可以不随世俗的美学变动而随波起舞，可以经得起心的无常变迁与考验。因为学禅的设计者懂得以禅来沉淀、看清所有问题，让设计可以化繁为简，让空间能够去芜存菁，在空间设计中所谈的禅或许与宗教无绝对的关系，但却是解决问题的最佳途径，也是实现“空·融合”设计观的不二法门。

Q5：为什么要写眼见之外的空间设计呢？您想传达什么想法呢？

A5：有人问我，为什么在百忙的工作中还要抽空写这本书呢？的确，对于许多设计师而言，手上已握有稳定接案量就如同身处舒适圈一般，只要做好眼下的工作就好，何苦另找麻烦。不过，我认为每个人来到世上都有自己的修行场，设计职场正是我的修行道场，我必须不断地自我验证、找出更好的方案，让空间与人之间的互动与融合更紧密。这样的工作对我自己是必要的，很幸运地经过了十几年的摸索，我逐渐找出一些设计的心法，这些设计心法无关乎风格、无关乎门派，甚至不是创新设计的手法，但却可能是设计的真相，所以，我希望能有更多设计人能够理解它，并从中获得启发，而在做设计时进一步参酌了“空·融合”的概念，帮助于正确地思索出好的室内设计。

另一方面，我也希望这本书可以让更多的屋主看到。长期与屋主沟通空间设计的事宜，我了解人心的无常与执着正是设计的最大绊脚石，但是，我们经常自我蒙蔽，因此，我提出以六感为禅作为设计思考的基础，希望能与屋主同步踏出设计沟通的一小步。如果设计者与屋主双方都能以微禅的心，清明而无杂欲地看清楚空间设计的真相，以六感真实体验空间的包容力，那么自然能为屋主真正需要的生活空间找到一条对的路。